U0222597

自然真奇妙 ZIRAN ZHEN QIMIAO

夜探大自然

YETAN DAZIRAN

张海华 著

张可航 绘

云南出版集团　晨光出版社

图书在版编目（CIP）数据

夜探大自然 / 张海华著. -- 昆明：晨光出版社，
2023.7
　（自然真奇妙）
　ISBN 978-7-5715-1880-6

　Ⅰ.①夜… Ⅱ.①张… Ⅲ.①自然科学－青少年读物
Ⅳ.①N49

中国国家版本馆CIP数据核字(2023)第055162号

夜探大自然

YETAN DAZIRAN

张海华 著

张可航 绘

出版人	杨旭恒			
策　划	黄楠 思莹			
责任编辑	侯夏莹　徐光辉	**排　版**	云南安书文化传播有限公司
装帧设计	唐剑 陈蒙	**印　装**	云南出版印刷集团有限责任公司
责任校对	杨小彤		国方分公司
责任印制	廖颖坤	**版　次**	2023年7月第1版
出版发行	云南出版集团　晨光出版社	**印　次**	2023年7月第1次印刷
地　址	昆明市环城西路609号新闻出版大楼	**书　号**	ISBN 978-7-5715-1880-6
邮　编	650034	**开　本**	787mm×1092mm　1/32
电　话	0871-64186745（发行部）	**印　张**	8.5
	0871-64186270（发行部）	**字　数**	180千
法律顾问	云南上首律师事务所　杜晓秋	**定　价**	40.00元

晨光图书专营店：http://cgts.tmall.com

自序

　　最近几年，自然教育在中国蓬勃发展，越来越多的孩子跟着老师或家长走到户外，去观鸟、赏野花、找昆虫……这当中，最有趣、最有挑战性的，或者说"最刺激"的，恐怕就是"夜探"（也叫夜观、夜拍）了。所谓"夜探"，就是在合适季节的夜晚，带着手电、头灯等照明工具，走到户外去寻找在夜色中出没的蛙类、蛇类、昆虫等各种动物，观察、拍摄它们的行为，了解它们的生存方式。近一点儿的，就到家附近的公园绿地；远一点儿的，则深入山区的溪流、森林，去探寻一些不为寻常人所知的秘密。

说起来，在国内的自然爱好者中（不包括专业的科研人员），我恐怕还真算得上是夜探大自然的先行者。很多人都知道我是一个"鸟人"，我很早就开始拍鸟，迄今关于鸟类的书也已经出版了好几本。但大家或许不知道，我从 2012 年开始就已"变身"为"蛙人"，即探索、发现在家乡有分布的、以蛙类为主的两栖爬行动物。2012 年，国内的观鸟、拍鸟爱好者已经数量众多，而痴迷于夜探的人却寥寥无几，哪怕在经济、文化均比较发达的长三角地区也是如此，而在宁波，我可以说是第一个。

　　后来，每到暑期，我就带着孩子们去公园或山村夜探大自然。我对小朋友们说，虽说黑暗有时让人害怕，但谁也没法否认，夏夜山林里的丰富与神奇恐怕远胜于白天，且让我们暂别城市的灯光，去感受黑夜的奇妙吧。结果，每一次活动都广受欢迎，有人甚至反馈说"夜探会成瘾"，而这，也正是我的亲身感受。

　　现在，我写了《夜探大自然》这本书，就是想跟大家分享一下我"夜探成瘾"的具体感受，希望能鼓励更多的人走到野外，亲近自然。我想，对于大多数现代人来说，夜晚的大自然实在是太陌生了，有的人非但不了解夜幕下的精彩，而且还怀有一种莫名的恐惧感。但是，大家若能勇敢地迈出第一步，踏入浓浓的夜色中，亲自去看一看，去沉浸式地感受，相信对黑夜会有所改观。犹记得某次夜探，有个年轻妈妈原本非常非常怕蛇，但跟着我们在野外亲眼见到了"小青"（福建竹叶青蛇）之后，就由衷地发出赞美："天哪，小青太美了！"从此以后，她的"恐蛇症"就基本消失了。

为了尽可能适应广大读者的夜探实际需求，本书故事里的主角，以国内（尤其我国南方）分布较广的物种为主。其实，哪怕是这些常见的物种，如中华蟾蜍（癞蛤蟆）、尖吻蝮（五步蛇）、纺织娘（夏秋季常见鸣虫之一）等，普通人对它们也知之甚少，因此很有必要让它们"登台亮相"，让大家好好认识一下。

中华蟾蜍

在讲故事的方法上，我主要采取以某种趣味现象为引线的叙述方式，如《"吹泡泡"大赛》《蛙蛙"比武招亲"》所讲的，就是各种蛙类为了占地、求偶而产生的鸣叫与争斗行为；《原来你是一条假毒蛇》一文详细介绍了不少常见蛇类的拟态现象；《螳螂"中蛊"之谜》则是一篇有关螳螂被铁线虫感染一事的现场观察记，如此不一而足。在行文上，我尽可能在科学严谨的基础上，写得有趣活泼，让中小学生也可以非常轻松地读下去。

　　前面说了，写这本书，首先是希望能鼓励大家迈出探索未知领域的第一步。我相信万物皆有灵，万事皆相通。因此更进一步的目的，或者说期待，是希望有更多的人，特别是孩子们，能在持续探索的过程中触发跨界的灵感，不断发现自我潜能，通过努力成就自我。这岂不是美事一桩？

张海绵

目录

1

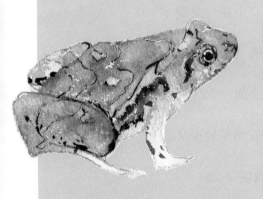

● 北仑姬蛙

目录 ②

宽翅纺织娘

01

"吹泡泡"大赛

"泡泡"乃是一个形象的说法，实际上是指无尾目两栖类的声囊。

"当当当！当当当！山里的青蛙们！田里的青蛙们！城里的青蛙们！春天来啦，夏天也快到啦！时光很短暂，结婚要抓紧！蛙蛙小伙子们，来来来，泡泡吹起来，情歌唱起来，对象找起来！"

于是，一场热热闹闹的青蛙"吹泡泡"大赛就开场了，各种各样的雄蛙可谓"你方唱罢我登场"，无不竭尽所能，鼓足了腮帮子，一个比一个吹得大、吹得响，非得把对手比下去不可……

哈哈，以上是我的脑内小剧场。不过，在现实世界中，很多雄蛙为了"找对象"，确实都很善于鸣叫，借此显示自己很健康、很强壮，以赢取雌蛙的"芳心"。

就让我们循着阵阵蛙鸣，开始有趣的夜探之旅吧！

听取蛙声一片

　　不过，在夜探正式开始前，还是有必要说一下这"泡泡"到底是啥东西。"泡泡"乃是一个形象的说法，实际上是指无尾目两栖类（即蛙类和蟾蜍，下文为了行文简洁，当提到"蛙类"时就当作包括了蟾蜍）的声囊。多数雄蛙具有声囊，这个器官可以起到扩音器的作用，使得鸣叫声更为响亮。无声囊的雄蛙并不是不能发声，只不过声音明显较弱。雌蛙通常不具备声囊，而只有声带，因此就算发声，声音也显得很低沉。所以，我们说的"吹泡泡"，就是指雄蛙在鸣叫时鼓起声囊。声囊有内声囊与外声囊之分，通常外声囊具有更明显的扩音效果，"泡泡"也更大。有的蛙类只有一个声囊，故只能鼓起一个"泡泡"；而有的蛙类有两个声囊，故能同时鼓起两个"泡泡"。

　　春夏时节多雨水，草木湿润繁茂，地面多有水坑、水塘，这为蛙类求偶、产卵以及蝌蚪成长创造了良好条件。此时雄蛙会卖力地鸣叫（尤其是在夜晚），目的有二：一是为了宣示领地，二是

我是泽陆蛙，我的泡泡吹得怎么样？

为了求偶，这跟雄鸟鸣唱的作用是一样的。自古以来，跟鸟鸣一样，蛙鸣也常吸引人们的注意。我们不妨先来看两句大家都熟悉的诗词：

"稻花香里说丰年，听取蛙声一片。"

（宋·辛弃疾《西江月·夜行黄沙道中》）

"黄梅时节家家雨，青草池塘处处蛙。"

（宋·赵师秀《约客》）

上述诗词，都是作者在江南生活时所写。这里的"处处蛙"，实际上是指处处传来蛙鸣声。那么问题来了：请问在中国南方的田野中，主要有哪些蛙在参与"吹泡泡"大赛呢？

对熟悉江南常见蛙类的人来说，这个问题其实并不难。诗词里已经提供了足够多的关于物种的信息：夏夜，在江南的稻田（或池塘）中，蛙声多而且响亮。符合上述条件的、最常见的"蛙蛙选手"其实就那么几位。现在，让我们拿着手电筒，悄悄行走在江南乡野的夜色里，寻找那些小歌手。

看，聚光灯下，蛤蟆先生亮相了。但见好几位泽陆蛙歌手蹲坐在田埂上，咽喉下的单个声囊一鼓一鼓的，形成一个白色的大泡泡，发出持续的近似于"咯，咯，咯"的叫声。当然喽，可没有母鸡下蛋后的叫声那么欢快、洪亮。单体声音并不算大，但由于歌手数量众多，故"合唱"的声势也颇为浩大。

在国内不同的地方，蛤蟆可能指不同的蛙，但在我老家浙江海宁市，蛤蟆就是指泽陆蛙，而癞蛤蟆就是指中华蟾蜍。泽陆蛙在中国分布很广，昼夜都出来活动，因此也是最容易见到的蛙类之一。

● 泽陆蛙

● 泽陆蛙

这是一种体长四五厘米的小蛙，背部颜色跟泥土差不多，通常以灰色打底，有的个体背上多绿色或红色斑纹，也有的个体具有贯穿背部的绿色或灰白色的中线。

泽陆蛙歌声未歇，忽听附近传来几声中气十足的蛙鸣："呱呱！呱呱！"不用说，是水田里的"大哥大"——黑斑侧褶蛙傲然登场了。它的块头可比泽陆蛙大多了，有的体长可达十厘米左右，相当壮硕。这样的大帅哥，不出来吼几嗓子，高歌一曲，显然是说不过去的。而且，黑斑侧褶蛙有一对位于咽侧的外声囊，鸣唱的时候，嘴巴两边一鼓一鼓地冒出一对大泡泡，更显得威风八面。

● 黑斑侧褶蛙

　　听，请细听，一旁的池塘里，又是谁在鸣唱？"叽、叽、叽"，不像是蛙鸣，倒像是小鸡叫。蹑手蹑脚走过去，借着手电一搜索，哦，一只金线侧褶蛙趴在水草上轻声哼着小曲呢！它有一对位于咽喉下的内声囊，鼓起来时会形成两个挨在一起的泡泡。好，既然这位蛙先生生性害羞，喜欢浅吟低唱，那我们也就不打扰它了吧！-

　　这里补充介绍一下上面两位歌手。这两种蛙，最符合人们通常所说的青蛙的形象：它们的体色通常以绿色为基调，体形适中，分布广。两种蛙的身体两侧各有一条隆起的皱褶，此即所谓"背侧褶"，故名"侧褶蛙"。金线侧褶蛙的背侧褶比较宽，多为金黄色；而黑斑侧褶蛙的背侧褶相对较细，身上多黑斑。

● 金线侧褶蛙

● 金线侧褶蛙（前雌后雄）

　　且让我们继续前行。哇，前面有一片相当响亮的蛙鸣声："嘎！嘎！"肯定也是蛙蛙在大合唱！用手电东扫西扫，找了半天，咦，怎么连一位小歌手都找不到呢？它们明明在身边大声歌唱呀！

　　要耐心，蹲下身来，慢慢找！啊，终于找到了！有一只极小的蛙躲在泥窝中吹泡泡呢！蛙虽小，那个泡泡相对而言却一点儿都不小，声音也很大。

　　在成功找到第一位歌手后，再仔细一找，就会发现田边有很多这样的小蛙。其实，这完全有可能是两种迷你蛙同时出现在"吹泡

饰纹姬蛙躲在泥窝里鸣叫

泡"大赛现场，它们分别是小弧斑姬蛙与饰纹姬蛙。这两种蛙的外形都呈三角形，个头儿也都特别小，有的体长不到 2 厘米，大一点儿的也不到 3 厘米，比成人的拇指还小不少。它们的鸣叫声都有点儿像"嘎、嘎"，小弧斑姬蛙的鸣叫声相对低而慢，饰纹姬蛙的鸣叫声则相当洪亮。尽管它们叫得响，但没经验的话，真的很难一下子找到它们。这是由于它们非常小，且保护色极好，连鼓出来的声囊都跟泥土的颜色很接近，故与周围环境完全融为了一体。

好了，江南田野（或城市的湿地公园）里最常见的蛙蛙歌手基本都亮相了。接下来的晚上，我们还要出发，进山寻找两种特别的蛙，看看它们的"吹泡泡"表演。

雨蛙"相亲"音乐会

先出场的是中国雨蛙，这是一种特别好看、可爱的迷你蛙。中国雨蛙在华东、华南地区均有广泛分布，主要分布在海拔较低的山区。中国雨蛙体形非常小，还没有成年人的拇指大，背部绿色，腹部两侧及大腿内侧为鲜黄色，同时分布着黑斑。别看它们的体色鲜艳，实际上也是一种良好的保护色，可以与植被浑然一体。热带地区的很多雀鸟的羽毛也很艳丽，但当它们处在树冠里的时候，就具有极好的隐身效果。这和中国雨蛙是同样的道理。

中国雨蛙

　　不过，有趣的是，中国雨蛙虽然分布广、数量多，但平时却不容易见到。这是为什么呢？原来，它们白天要么匍匐在石缝或洞穴内，要么隐蔽在灌木丛、芦苇、美人蕉以及高秆作物上；夜晚它们比较活跃，出来捕食金龟子、蝽象、象鼻虫等昆虫。但是，在非繁殖季节，它们经常分散在树上活动，很少鸣叫，因此很难找到它们。在华东地区，只有在春末夏初的雨季，中国雨蛙的繁殖期，它们才会大量聚集在一起，雄蛙们更是情绪饱满，竞相鸣叫求偶。此时，我们才容易见到中国雨蛙，甚至在白天都能见到。可见，"雨蛙"这个名字确实贴切。

　　有一年五月中旬，宁波连下大雨，山里的池塘、水洼中都盈满了水。我刚开车到山脚，就听到一大片响亮而尖锐的叫声："咯！咯！咯！"这正是中国雨蛙在群鸣。我循声走近那些半人高的茅草丛，蹲下来找了半天，一开始怎么都找不到。找了好久，我才终于在草丛深处看到一只碧绿的中国雨蛙紧贴在草叶上，正卖力地鼓着声囊欢唱呢。随着肚皮一扁一鼓，其喉部就"吹"起了一个比其头部还大的泡泡，样子颇为滑稽。后来，在一个小水塘旁，我居然发现了约二十只中国雨蛙，甚至在一丛草中就有三四只。它们叫一阵就会暂歇一下，但只要附近有一只雄蛙带头叫起来，周围的众多雄蛙又会马上跟进，而且一个比一个叫得响，谁也不肯服输。雄蛙们都想通过"吹泡泡"大赛赢得雌蛙的芳心。别看中国雨蛙个头儿小，但叫声通过声囊的共鸣、扩音后，音量大得惊人。每当我贴近一只正在鼓着大泡泡的雄蛙给它拍照时，都感觉自己的耳膜快被震破了。

　　不过，中国雨蛙也很警觉。在拍照的时候，只要我稍稍碰一下附近的草叶，它们就会马上停止歌唱，缩紧四肢，紧贴在叶子上，完全与环境融为一体。等我走开几分钟之后，它们才会继续鸣叫。

在后来的夜探过程中，我也曾多次偶遇这样的中国雨蛙"相亲"音乐会。我发现，其实中国雨蛙的鸣叫、求偶地点，不一定是前面所述的典型的草木茂盛的山区水坑环境。有一次，我在山脚的水田中发现了大量中国雨蛙；还有一次，则是在山村公路旁的一个水泥水塘里发现的。最有趣的是，我居然在一个位于山脚的酒店大门口的小水池里，聆听到了中国雨蛙们的爱情音乐会，这样的"演出场地"我还真是第一次见到。那天，我还目睹了极为搞笑的一幕：一只雄性中国雨蛙竟然紧紧抱住了一只雄性布氏泛树蛙在求偶，后者十分恼火，拼命挣扎，可就是无法摆脱中国雨蛙的热情拥抱。蛙类是通过雌雄抱对、体外受精的方式来繁殖的。但经常会有些雄蛙由于求偶心切，变得昏头昏脑，糊里糊涂抱住了别的蛙类。不仅中国雨蛙是这样，其他蛙类中也常见。

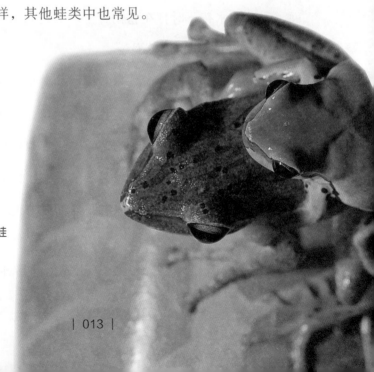

中国雨蛙错抱布氏泛树蛙

武夷湍蛙求偶记

听完中国雨蛙的"相亲"音乐会，接下来我再为大家分享湍蛙唱"情歌"求偶的故事。所谓"湍蛙"，顾名思义，就是生活在湍急溪流中的蛙。中国的湍蛙有很多种，如武夷湍蛙、华南湍蛙等，这一类蛙特别适应急流生境。它们能"吸"在滑溜溜的石壁上——就像壁虎一样直接吸附在垂直于水面的石壁上，蛙的头部朝着水面，飞溅的水花不时打在它们身上。但它们始终静静地待在那里，似乎和石壁已经融为了一体。

在浙江，最常见的湍蛙是武夷湍蛙，小家伙体长4~5厘米，不同个体的体色变化很大，灰黑色、灰绿色、黄绿色等都有；皮肤比较粗糙，背上有很多一粒粒的突起。这样的体色与皮肤特征跟溪流中岩石的样子十分吻合，使武夷湍蛙具有较好的保护色。另外，它们的脚趾端都有明显的、膨胀的吸盘，这才使得它们具备了"吸壁神功"。

武夷湍蛙白天很少现身（早春求偶时除外），通常隐蔽于石

穴内；它们喜欢在夜晚出来，待在溪中的石头上，伺机捕食出现在附近的昆虫。这种湍蛙相当耐寒，在宁波，无论是在春寒料峭的三月初，还是深秋的十一月，它们都会出来活动，都能听到雄性武夷湍蛙的鸣叫。早春三月，行走在四明山溪流边，经常老远就能听到时断时续的蛙鸣声，那就是武夷湍蛙在鸣叫了。此时，可以在找到一只雄蛙后就近坐下来，等它再次鸣叫时观察它那鼓起来的"泡泡"。武夷湍蛙有一对位于咽下的内声囊，但鼓出来的"泡泡"不是特别大。

有一年春末，我到杭州临安的天目山拍野花，当晚住在溪边的农家乐里。晚饭后，不时听到溪流中传来武夷湍蛙的鸣叫声，我忍不住拿着相机走到溪边，仔细观察。我运气很好，刚好见到一只棕黑色的雄蛙正在试图靠近一只灰绿色的雌蛙。当时，雌蛙端坐在水边岩石上，头朝着溪水方向。而那只雄蛙先待在岩石的下方鸣叫，后来跳到了石壁上，一边"嘎咯，嘎咯"唱着"小情歌"，一边逐步靠近雌蛙。而雌蛙颇为冷傲，微微昂着头，对热情的雄蛙视而

一只武夷湍蛙雄蛙鸣叫着，开始接近附近的雌蛙

不见。雄蛙并不死心，竟然跳到雌蛙的身边，几乎是"脸对脸"鸣叫，两个泡泡一鼓一鼓的，好像在说："我好喜欢你！"可惜，这位拼命献媚的湍蛙帅哥并没有得到湍蛙妹子的青睐。过了一会儿，这只雌蛙干脆跳走了，吸附在离雄蛙远远的石壁上。这时我才看到它的腹部鼓鼓的，可能里面有卵。雄蛙不死心，继续跳过来"说情话"，但最后还是未能成功，悻悻而返。

武夷湍蛙雄蛙在雌蛙身旁"唱情歌"

好了，关于蛙类"吹泡泡"的故事就先讲到这里了。大家有兴趣的话，可以尝试自己去探索、寻找身边的蛙类。找蛙最有效的方法就是循着蛙鸣声去搜寻，以后大家有经验了就会知道，蛙鸣声极为多样，也很有辨识度，因此很多时候光凭蛙鸣就可以知道谁在鸣叫。比如，布氏泛树蛙的鸣叫像是有人在轻轻鼓掌：啪嗒，啪嗒。孟闻琴蛙的叫声像是在说："给！给！给！"道济角蟾则会发出一连串音调很高的响亮鸣声，类似于："唧！唧！唧！"当年，我就是根据这个叫声找到了这种角蟾。它的发现引起了中山大学科学家的注意，最终被确认为未被描述过的全球新物种，相关学术论文于2021年发表在国际学术期刊上。我也算夜探出了点儿名堂。

布氏泛树蛙躲在石板底下鸣叫

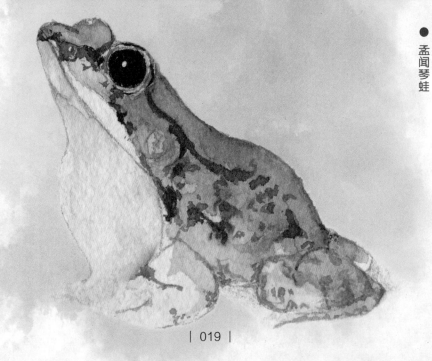

● 孟闻琴蛙

02

蛙蛙"比武招亲"

蛙蛙"比武招亲"，不论是"文比"还是"武比"，都属于常规动作，有些蛙还能使用一些特别本领。

上一篇其实是在说蛙类的"比武招亲"，只不过那是"文比"，比拼的是才艺，而不是武艺。有"文比"就有"武比"，无论在人类世界还是在蛙类世界，都是一样的。接下来，我们就来看看各种各样的"比武招亲"，至于比试的时间，既有白天也有晚上。因为，春光短暂，蛙类找对象要紧，谁还顾得上白天黑夜呢。

凹耳臭蛙

"斗歌"又"动手"

还记得《"吹泡泡"大赛》中的那位水田中的"大哥大"黑斑侧褶蛙吗？这家伙呀，不仅歌唱得响亮，还仗着自己块头大，孔武有力，打起架来，也丝毫不肯示弱。

2021年3月底，我和女儿去东海边的一个名叫花岙岛的小岛看"海上石林"地质奇观，中途路过一个小村，老远就听到前方传来阵阵响亮的"呱呱"声。循声过去一看，眼前的景象让我有点儿吃惊——村边的一个池塘里，竟聚集了上百只黑斑侧褶蛙，它们四处游弋，大声鸣叫。

虽说蛙类占地求偶鸣叫的景象我早已司空见惯，但像这样大规模的"斗歌"大赛，我真的还是第一次看到。村子周边的田野里有多个相邻的池塘，不过，我走了一圈之后才发现，除了群蛙聚集的这个池塘外，其他几个池塘里几乎没有蛙。于是，我在这个池塘边蹲了下来，举着相机，寻找值得拍摄的有趣场景。很快我发现，为了充分展示自己的实力，这些黑斑侧褶蛙雄蛙不仅比赛谁唱得响亮、唱得好听，还会"一言不合"就动武。只见雄蛙们漂浮在水面上，分散在池塘各处，一边鼓起腮帮子"吹泡泡"，一边蹬着后腿，以标准的蛙泳姿势四处游荡。当两只雄蛙相互接近时，必有一只发起突袭，但见它猛一蹬腿向另一只扑去，企图将它赶出自己的领地。另一只也不是省油的灯，立马反手一巴掌，哦不，应该是"反脚"甩出一个带蹼的大脚丫子，在那个敢于挑衅的小子的脸上狠狠踹上一脚。于是，这两位血气方刚的青蛙先生互相追逐，拳打脚踢，你来我往，谁都不甘示弱。

青草池塘处处蛙：黑斑侧褶蛙在鸣叫

有时，两只雄蛙甚至会扭打在一起。刚看到这一现象时，我还误以为这是雌雄抱对呢，当然也不排除是其中一只雄蛙昏头昏脑，把对方误作雌蛙了。后来，经我仔细观察，发现了一件奇怪的事——这个池塘里的貌似都是雄蛙，因为我所见到的蛙全都有鼓出来的声囊。那么，雌蛙在哪里呢？如果雌蛙不在现场，这些雄蛙唱歌给谁听？比武给谁看？或许，"矜持"的雌蛙都潜伏在草丛里，在等待那些胜出的选手吧！

黑斑侧褶蛙雄蛙抱在一起

小竹叶蛙的"擂台赛"

上文说到的两雄相抱现象，并不是孤例。我在小竹叶蛙的"擂台赛"上也曾看到同样的现象，甚至更为精彩。具体如何，且听我从头说来。

说起小竹叶蛙，我还是挺自豪的，因为这个宁波蛙类新分布记录是由我首先发现的呢。小竹叶蛙是一种中等大小的蛙类，体长4~6厘米，背面皮肤较光滑，体色差异很大，棕色、绿色、褐色都有。它们生活于山区茂密森林中的溪流内，种群数量稀少，人们对其习性了解甚少。人们原先认为，这种蛙在浙江主要分布在浙西南地区，在浙东并没有分布。

● 小竹叶蛙

它们在宁波被发现，纯属偶然。2013年9月，我到四明山溪流中夜拍，在一个水流湍急的地方，看到一只深褐色的蛙趴在垂直于水面的石壁上，其吸附本领不比湍蛙逊色。我很好奇：这是什么蛙？过去一看，这家伙虽然四肢有吸盘，习性也有点儿像湍蛙，但显然跟以往见过的湍蛙截然不同，甚至也不像以前见过的本地任何一种蛙。后来我向专家请教，方确认那是小竹叶蛙。

此后几年的夏天，我去山里时都会特别留意寻找小竹叶蛙，曾于某年六月初的晚上拍到小竹叶蛙抱对繁殖的画面。到2022年早春，我对这种蛙又有了新的了解。那年三月上旬，天气偏热。3月11日，我到四明山中拍野花时偶然发现，在溪流中央的石头上，有两只小竹叶蛙在抱对，没想到它们这么早就开始繁殖了。两天后，

小竹叶蛙雌雄抱对

我沿着溪流往深山里走，前方不断传来不甚响亮的"绝，绝"声，似是蛙鸣。我循声走近低头一看，顿时大吃一惊，原来溪流中的石头上到处都是小竹叶蛙。我仔细一数，在不到 10 平方米的地方，竟聚集了 30 只！有的单独蹲在急流边的石头上，有的则三五成群待在一起，好像在开会讨论似的。有几只蛙的喉部一鼓一鼓的，发出"绝，绝"声。这是我第一次看到小竹叶蛙雄蛙鸣叫的场景。小竹叶蛙的声囊属于内声囊，故鸣叫时鼓出来的"泡泡"较小，音量也不大。

我轻轻下到溪边，将镜头对准了三只挨得很近的蛙。过了一会儿，有只雄蛙猛然跃起，跳到了旁边那只蛙的背上，试图将对方抱紧。起初，我想当然地认为，被抱住的是一只雌蛙。但见被抱住的"雌蛙"似乎很不情愿，一直在反抗。而那只热情如火的雄蛙不依不饶，仍多次扑上去，但最终都被甩了下来。这时，我惊奇地看到，那只"雌蛙"居然也鼓出了声囊！啊，原来它也是只雄蛙！有趣的是，旁边另一只雄蛙一直冷眼旁观，始终按兵不动。或许，这狡猾的雄蛙有着自己的"小算盘"：等前面两位在擂台比拼中都消耗得精疲力竭了，自己就可以不战而胜啦！

我往溪流更深处走了一会儿，又见到约 20 只小竹叶蛙在一起（也是以雄蛙为主），它们在一起鸣叫、打斗，为了求偶忙得不亦乐乎。

小竹叶蛙雄蛙争斗

"绝技" 与 "诡计"

　　上面说到的蛙蛙"比武招亲"，不论是"文比"还是"武比"，都属于"常规动作"，有些蛙还能使用一些特别本领。让我们见识一下凹耳臭蛙的"独门绝技"与福建大头蛙的"阴谋诡计"。

　　先来说说凹耳臭蛙。跟小竹叶蛙一样，这也是一种属于蛙科臭蛙属的蛙类，其雄蛙甚小，体长3厘米上下，而雌蛙体长可达6厘米左右。雄蛙鼓膜凹陷明显（故名"凹耳"），雌蛙略凹。这是一

● 凹耳臭蛙

种较罕见的蛙类，目前知道它们只分布于华东的局部地区。顺便说一下，中国有好多种臭蛙，它们虽名为"臭蛙"，但平时并不会散发出臭味，只有在被侵害时皮肤才分泌出难闻的、具有刺激性的黏液，这是它们的自我保护手段。

凹耳臭蛙白天隐伏，夜晚出现在山溪两旁，四至六月是其繁殖期，但有时在三月温暖的日子里，就可以听到其雄蛙的鸣叫声："吱……"其声尖锐，如钢丝在摩擦。

犹记得，2020年春末的一个晚上，我在山里拍到过凹耳臭蛙鸣叫、抱对的场景。我起初想用相机拍下凹耳臭蛙"吹泡泡"的瞬

凹耳臭蛙雌雄抱对

间，但试了好多次都失败了，后来改用录视频才成功。这是因为，一是它们非常敏感，我稍一靠近就停止鸣叫；二是就算重新鸣叫，它们也要隔挺长时间才会突然冒出一声；三是雄蛙咽侧鼓出来的声囊极小，一点儿都不像水泡，更像是一个长条形的细小袋子。

其实，我们能听到的凹耳臭蛙的鸣叫声，只是它们互相传递消息的其中一种声音。凹耳臭蛙还能发出一种人类听不见的声波，那就是超声波。"科普中国"网站有一篇专门讲蛙鸣的文章，对凹耳臭蛙的独特本领做了简单明了的解释：

"凹耳臭蛙是世界上第一个被证明会使用超声波进行通信的无尾两栖类，使用高频超声通信的好处是能有效避开瀑布等环境噪声的干扰。然而有趣的是雌性凹耳臭蛙对超声并不敏感，凹耳臭蛙的超声通信貌似仅用于雄性间的竞争——看来这还是'雄性专属'行为！"

我们可以想象一下，两个武林高手（凹耳臭蛙）之间虽然保持一定距离，却依然能够隔空传送无形的内力进行比拼，而旁观者（人类）却看不到任何有形的一招一式（听不到蛙鸣）！

怎么样，凹耳臭蛙的"超声绝技"厉害吧！可是，要是不具备这样的本领，又不愿意面对面硬拼，该如何"抱得美人归"呢？这就要有请福建大头蛙出场啦！

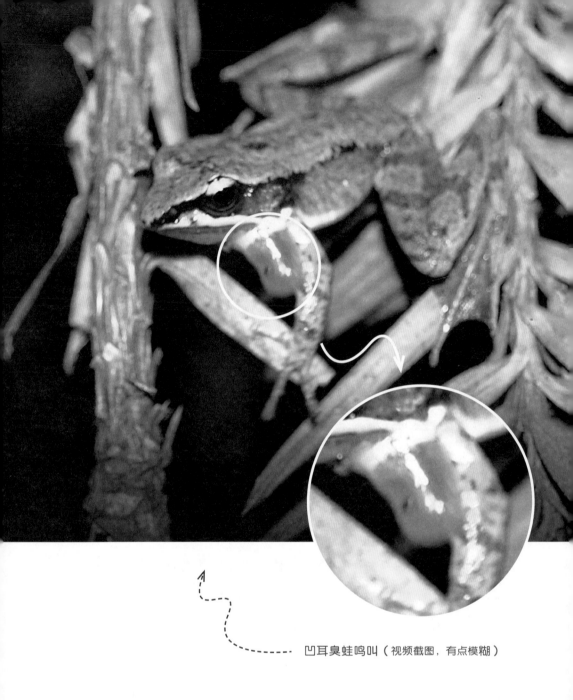

凹耳臭蛙鸣叫（视频截图，有点模糊）

福建大头蛙的雄蛙比雌蛙略大，其枕部（位于眼睛后面，直至头部与背部的相接处）有明显隆起，如健美运动员展示肌肉一般，看起来非常魁梧壮实，而且使得它的整个头部看上去有点儿大，故名"大头蛙"。

福建大头蛙（雄）

我虽然拍到过福建大头蛙，但未曾见过它们求偶的场景。在这里，我特别想和大家分享我的朋友王聿凡（浙江省调查、研究两栖爬行动物的专家）写的一篇非常有趣的文章。此文题为《福建大头蛙的武力、绅士风度与计谋》，现摘录片段如下：

观察中发现，福建大头蛙虽然在争夺地盘时打得你死我活，但抱对后却很有绅士风度，竟然会讲究先来后到，只要有一只雄蛙成功抱对，其他雄蛙便不再争夺雌蛙，而是继续守着水潭鸣叫吸引其他雌蛙。……小个子的年轻雄蛙不会招摇地大声鸣叫，也不会自不量力地与那些大块头发生正面冲突，而是安安静静蹲在一边，把自己"伪装"成一只不产卵的雌蛙（雄蛙只会抱即将产卵的雌蛙，产完卵后便分开），其他雄蛙并不会去驱赶这小个子。当真正的雌蛙过来时，这只"安能辨我是雄雌"的狡猾雄蛙伺机抱住雌蛙。因为雄蛙的"绅士风度"，小个子雄蛙一旦成功抱对便取得了交配权。

看，通过王聿凡的细致观察与生花妙笔，我们发现福建大头蛙可不是"肌肉发达、头脑简单"，反倒可以说是"大块头有大智慧"，你们觉得呢？

03

我是癞蛤蟆我怕谁

中华蟾蜍遇到敌人时，有时会把身子耸立起来，让自己变得高大威猛，以示恐吓。

乍一说起中华蟾蜍这名字，可能还会叫人摸不着头脑，心想这是什么高端、大气、上档次的宝贝呀？可如果说癞蛤蟆，大家就会恍然大悟：啊，原来就是妄想吃天鹅肉的癞蛤蟆呀！当然喽，癞蛤蟆也有好多种，而中华蟾蜍就是国内最常见的癞蛤蟆。

2022 年的夏天，对于至少半个中国来说，是一个无比酷热的"苦夏"。拿我所在的宁波市而言，无论是单日最高气温（42.7℃），还是累计高温日数，都超过了本地有气象记录以来的最高纪录。如此高强度的持续高温干旱天气，对野生动植物的影响极大，尤其对不能自主调节体温又比较依赖水源的两栖动物来说，生存的煎熬程度可见一斑。由于天气太热、降雨稀少，宁波山区不少溪流接近断流，导致各种蛙类的数量明显减少。相对而言，中华蟾蜍倒是还容易看到，这说明它们具有不一般的抵御高温干旱的能力。

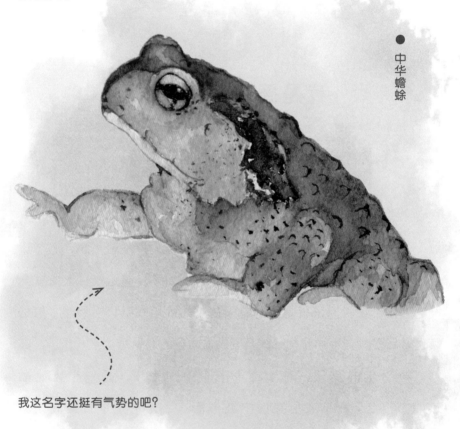

● 中华蟾蜍

我这名字还挺有气势的吧？

"蛤蟆功"不一般

2022 年 8 月 21 日，中国人民大学环境学院的一批大学生来宁波，到龙观乡开展户外实践课程。当天晚上，我带他们到四明山里夜探。沿着山路没走多远，忽听前面有人大喊："哇，有个大家伙！好大好大！"我上前一看却忍不住笑了，说："原来是只癞蛤蟆，大名叫作中华蟾蜍，最常见了。"但学生们一个个都兴致勃勃，围着它拍照。这只蟾蜍十分肥硕，很神气地蹲在地上，面对围观显得十分淡定。我蹲下来，说："它有蛤蟆功呢！要不让它现场演示给你们看看？"大家齐声叫好。于是我把手指轻轻触到它身上，同时说："中华蟾蜍遇到敌人时，有时会把身子耸立起来，让自己变得高大威猛，以示恐吓。"可惜，这只蟾蜍很不"赏脸"，它并没有像我说的那样成为"变形金刚"，而是"吧嗒"一声跳到一旁的小沟里了。

那天晚上虽然没有见到"蛤蟆功"，但我以前还真见过中华蟾蜍奋力抵抗赤链蛇的"悲壮"场景。那是 2017 年 6 月 16 日的午夜，在宁波市区的日湖公园，一条赤链蛇正在吞食一只足有小孩巴掌那么大的蟾蜍。我看到的时候，蟾蜍的整个头部已被吞入蛇口，丝丝鲜血不停地从其皮肤里渗流下来。尽管处于绝境，但蟾蜍依旧奋力反抗，只见它先将四肢分开撑地，用力将肚皮鼓起。蛇也很聪明，迅速将蟾蜍缠紧，还把它翻了个身，使其四脚朝天。但这只蟾蜍非常顽强，整个身体如充气了一般，胀得圆鼓鼓的。不管蛇如何调整姿势，加紧缠绕，并努力吞咽，但始终只能吞下蟾蜍的头部。

撑起身子让自己变得更"威猛"的中华蟾蜍

就这样，折腾到凌晨三点多，赤链蛇才无奈地松开了口，悻悻然退回到了灌木丛里。但这只可怜的蟾蜍没过一会儿还是死了。

赤链蛇吞食中华蟾蜍

我后来请教了专家王聿凡才知道，蟾蜍背部两侧的皮肤具有气囊一样的作用，只要肺部吸满气，"气囊"就会鼓起来，让身体接近球形，避免被蛇囫囵吞下。这就是典型的"蛤蟆功"。而那晚的赤链蛇似乎是年轻没经验，缺乏成熟的捕食技巧。据说，老练的赤链蛇会先用像匕首一样的大切割齿（位于口腔中后部），刺破蟾蜍的"气囊"，"放气"之后再慢慢吞下。

不过，大家不要以为中华蟾蜍只有被蛇吃的份，在《中国两栖动物及其分布彩色图鉴》这本大部头的权威工具书上，我就看到了中华蟾蜍吞食虎斑颈槽蛇的照片。中华蟾蜍白天较少活动（除非雨天），傍晚出来觅食。它们食性很杂，对于送到嘴边的活动之物，几乎见谁灭谁（当然，蛇类并不在其"主菜单"上），捕食最多的，还是蛾子、金龟子、蝼蛄、蚊子、蜉蝣、蜗牛、蛞蝓之类，这一捕食习性对很多危害农林业的昆虫数量有很好的控制作用。

夜里出来觅食的中华蟾蜍

不仅耐旱，还耐寒

　　不少蛙类也有类似的"充气"御敌的本领，但中华蟾蜍还有一些能耐，是大多数两栖动物所不具备的，那就是，它们不仅耐旱，还相当耐寒，繁殖季节特别早。在宁波地区，十月下旬以后，慢慢就难以见到它们了，原来它们已经到水下或松软的泥沙中蛰伏了起来。在经过短暂的冬眠（其实，我认为称为"秋眠"更合适）后，到了尚处于冬末的二月，它们就大量出蛰，开始求偶繁殖了。

　　我观察到的蟾蜍繁殖最早的一次，是在 2016 年 1 月 8 日。那天，在宁波四明山的一个池塘旁，我看到水草间有一只金黄色的雄蟾紧紧抱着一只墨绿色的雌蟾——这便是蛙类的抱对繁殖行为，它们是体外受精的。我还看到了其他蟾蜍已经产下的卵：这些卵不是圆圆的一团，而是成两行排列于透明的管状卵带内。要知道，一月是宁波一年中最冷的时候啊！相关研究表明，中华蟾蜍的出蛰时间为一至四月，南方早，北方晚，视水温而定。

　　蟾蜍一次产卵可达数千粒。二三月的宁波，我们便可看到成

中华蟾蜍抱对

群的黑色蝌蚪在池塘、水沟里挤在一起游动。这便是中华蟾蜍的蝌
蚪。很多小朋友还以为是青蛙的蝌蚪，常把它们捞回去养，其实通
常是养不活的。这么多的卵、这么多的蝌蚪中，最后能完成变态，
顺利上岸，长成壮硕的大蟾蜍的，可谓少之又少。

　　说到这里，我不禁想"插播"一件非常有趣的事情：有一只中
华蟾蜍，居然还会"倒车入库"。2018 年 9 月中旬的一个晚上，我
带孩子们到一个湖畔湿地夜探，发现有只中华蟾蜍蹲在山脚边的一
个泥洞附近，大约离洞口 30 厘米。当我们用高亮手电"聚光"在

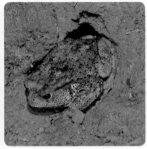
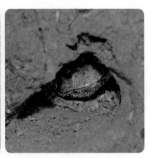

中华蟾蜍"倒车入库"

这只癞蛤蟆身上时，它显得十分局促不安，转身缓缓爬到了洞口。这时，有个孩子喊道："它要钻进洞里啦！"不过，它进洞的具体方式却出乎大家意料：只见它先是将头部往洞里伸进去一点儿，然后迅速调转身子，将屁股对着洞口，紧接着四肢扒拉几下，很快就退入了洞中。这个时候，我们必须蹲下身来，才能看到它的眼睛。孩子们惊叹：癞蛤蟆的"倒车"技术很高明呢！大自然可真神奇！

好了，在讲了不少中华蟾蜍的趣事之后，我最后提一句，耐寒的蟾蜍还"入住"了广寒宫呢！可能是因为月球环形山的阴影状如蟾蜍，故古人常以蟾蜍借指月亮，有玉蟾、冰蟾、蟾轮、蟾钩、蟾宫、蟾窟等诸多美称。大诗人杜甫在一首题为《月》的五言绝句中写道：

天上秋期近，人间月影清。

入河蟾不没，捣药兔长生。

"势力范围"广大的癞蛤蟆

据《中国两栖动物及其分布彩色图鉴》，中国的蟾蜍科的物种有 20 种（不计入亚种），大多数种类的分布区域很窄，或者说只分布在特定区域（比如说，只分布在云南省），分布广泛的有 3 种，即花背蟾蜍、黑眶蟾蜍和中华蟾蜍。

· 王聿凡 摄

花背蟾蜍主要分布于北方，西到青海、宁夏，东至山东沿海，北入东北三省，南及安徽、江苏，都可以见到它们的踪影。

■ 黑眶蟾蜍

　　黑眶蟾蜍的地盘主要在南方，从西南地区到东南沿海地区，均有分布，最南到海南，最北到浙江，已有与花背蟾蜍的分布区域接壤之势。

　　"势力范围"盖过其他所有蟾蜍，大江南北皆可见，几乎"一统天下"的正是中华蟾蜍。中华蟾蜍有 3 个亚种，即指名亚种、华西亚种和岷山亚种，这 3 个亚种的分布区域加起来，貌似除了西藏、新疆、海南与台湾之外，其余各省份都有分布。

除了分布广，中华蟾蜍还有一个特点是体形大。其指名亚种的雄蟾成体的体长 8~10 厘米；雌蟾体形比雄蟾略大，体长可达 12 厘米左右。所以，中华蟾蜍原先也叫中华大蟾蜍，可谓名副其实。而民间称之为癞蛤蟆，自然是因为其皮肤非常粗糙，背上密布大小不等的疙瘩（动物学中的专业名词叫作"瘰粒"），唯有头部较为光滑。

　　正是因为中华蟾蜍的皮肤上有较厚的角质层，能避免皮肤上的水分大量蒸发，才使其可以在远离水源、较为干燥的环境中活动（而其他多数两栖动物则必须非常注重皮肤"保湿"，故不能离水太远）。因此，我们可以在各种环境中看到它们，如山区溪流边、农田水沟附近、小区池塘旁、公园绿地中，甚至在城市道路旁。总之，中华蟾蜍分布如此之广，能适应各种气候、地形条件，没有一些真本事是不行的。正所谓：莫道外貌丑，能力不寻常，我是癞蛤蟆我怕谁！

棘胸蛙和我捉迷藏

棘胸蛙喜栖息于植被茂密的山区溪流中，白天隐藏于石缝或石洞中，晚上出来觅食。

"咦，这黑漆漆的夜里，怎么出现了一道亮光？啊，不好！有个两脚兽正在走过来，恐怕又是来抓我们的！怎么办？赶紧趴下不动，让我和石头融为一体，就不会被发现了！"——如果我是一只棘胸蛙，在遇到人类时，可能就是这么想的。

棘胸蛙，俗名叫石蛙，广泛分布于中国南方的山区，旧时属于著名的"山珍"之一。可能是因为长期以来被大量捕猎，棘胸蛙变得越来越胆小，在遇到人的时候，它们能躲则躲，能藏则藏，反应十分机敏。可以说，棘胸蛙是我见过的最聪明的蛙类，没有之一。

堪称"山蛙之王"的棘胸蛙

　　棘胸蛙绝对是中国蛙类中的"大块头"，无论是体长还是体重，都名列前茅。其成年个体的体长可超过12厘米，甚至达14~15厘米，连以硕大著称的中华蟾蜍都会自叹弗如，堪称"山蛙之王"。

　　棘胸蛙的雄蛙和雌蛙体形不像其他蛙类那样相差悬殊，即雌蛙

● 棘胸蛙

明显大于雄蛙。如果要区分一只棘胸蛙的雌雄，比较可靠的分辨方法是看以下几个方面：首先，顾名思义，所谓棘胸蛙，就是胸部有棘刺的蛙——在繁殖期，棘胸蛙雄蛙的胸部会密布粗糙的疣粒，且每一颗疣粒上都具有黑刺，而雌蛙的胸部很光滑；其次，雄蛙的一对前足特别粗壮，一看就是"肌肉男"的风格。那为什么雄蛙会长成这样呢？这是因为蛙类繁殖是通过抱对的方式来进行的，精子与卵子同时排出体外，体外受精而繁衍后代。在抱对时，棘胸蛙雄蛙趴在雌蛙背上，用强壮的前肢紧紧抱住对方，胸前的小

棘胸蛙体形硕大

刺增加了摩擦力，既有利于防止雌蛙挣脱，也能防止别的雄蛙跟自己抢夺配偶。

另外，棘胸蛙雄蛙的咽下具有声囊，在繁殖期的时候会发出类似于"咣、咣"的巨大声音。所以，若听到其鸣叫，则必定是雄蛙，因为雌蛙不会鸣叫。不过，很遗憾，我虽然见过很多次棘胸蛙，但居然从来没有在野外亲耳听到过其雄蛙的鸣叫。2022年初夏，我的朋友松林在野外录到了棘胸蛙的叫声，并发在朋友圈里，我才得以听到。

棘胸蛙喜栖息于植被茂密的山区溪流中，白天隐藏于石缝或石洞中，晚上出来觅食，捕捉昆虫、马陆（俗称"千足虫"）、小蛙、小鱼等。不同个体的体色相差很大，有的棕黄，有的黄绿，有的棕色偏黑，也有的明显偏红，通常跟其生活环境中的岩石的颜色一致，形成良好的保护色，所以俗称"石蛙"。

棘胸蛙还有一个俗称，即"石鸡"。为什么这么叫呢？就是因为身体肥硕的它们肉质鲜嫩，比鸡肉更味美，且据说具有滋补作用。这导致长期以来野生棘胸蛙被大量捕捉，种群数量骤减。目前，世界自然保护联盟已将这种蛙列为全球性易危物种。也就是说，如果情况继续恶化，它们将很快成为濒危物种。

黄绿色的棘胸蛙

偏红色的棘胸蛙

大块头有大智慧

　　棘胸蛙体形大，但并不是"四肢发达、头脑简单"的蠢蛙。多年来，我已说不清跟棘胸蛙打过多少次交道，这家伙非常聪明，很会审时度势，及时隐藏或脱逃。这里我讲两个小故事。

　　2014 年夏天，我独自到四明山中一条原先未曾去过的溪流中夜探，忽见右前方的石头上高踞着一只大蛙。它那粗短而强壮的前足笔直挺立，很神气地昂着头，一副君临天下、唯我独尊的样子。是棘胸蛙！我马上停下脚步，屏住呼吸。它待在石头表面凹槽的一堆落叶里，在它正前方的一两米外，有一个较深的水潭。我手持相机，蹑手蹑脚地向它前方包抄过去。它感觉到危险的逼近，迅速缩脚低头，趴了下去，整个身子呈扁平状，与身下的落叶贴合在一块。如果不是我事先一直盯着它，恐怕就算是从它身边走过也难以发现它了。棘胸蛙这一招，是很多蛙类避敌时的通常做法。当它们感觉到危险临近但又不是非常急迫时，往往会先就地趴下，然后再看情况，选择跳跃逃跑或就近钻入石缝。

当时我不敢大意，因为我知道，它若受惊，将会跳入前方的水潭，消失得无影无踪。于是，"狡猾"的我先挡在了它的正前方，让它没法起跳，再用雪亮的头灯照着它。只见它的瞳孔呈粗大而黑的十字形，深邃又奇特，但此时似乎流露出无奈又无助的眼神。我很得意，心里在说："哈哈，玩不过我吧！"

我拍了几张照片，看它这么"乖"，就打算去拿包里的另外一个闪光灯，用双灯拍摄以加强效果。谁知，在我侧身移动的一瞬间，便听到了很响的"扑通"声，就像一块石头被扔进了水里。我知道这下糟了，回头一看，果然，那落叶堆里已无棘胸蛙。这聪明的家伙，准确地抓住了稍纵即逝的时机，起身飞跃，以强大的弹跳力，落入了一汪碧潭，留下我在黑夜里苦笑。

棘胸蛙从岩石下探出脑袋

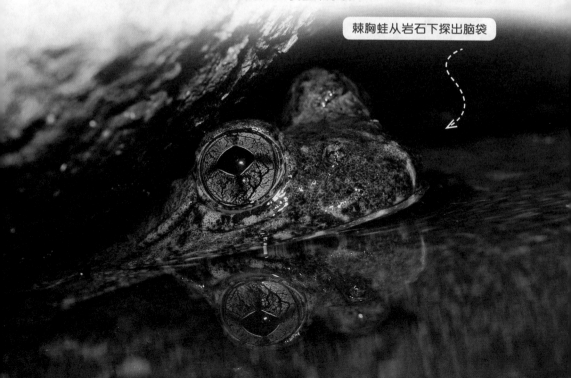

2021 年 9 月初，我到四明山的一条溪流中夜拍。这是一条我十分熟悉的溪流，我知道哪些地方会出现棘胸蛙。那天晚上，在溪中近岸处一块较平整的地方，我见到了一只棘胸蛙。它当时蹲在一个小水洼里，露出了大半个身子。小股的清澈溪水从它身边流过，波纹跃动，水光潋滟，安静而美好。我干脆坐了下来，慢慢拍，反正看这里的地势，它逃不到哪里去。

棘胸蛙的体色与岩石一致

谁知，当我喝了一口水之后，却惊奇地发现眼前的棘胸蛙竟然已经凭空消失了。怎么回事？我根本没有听到它跳动的声音，怎么可能就不见了？我在方圆两米左右范围内仔细寻找，仍不见其踪影。后来，我再低头仔细看它原本待的地方，忽觉有点儿异样，定睛细瞧：呀，原来它还在原地！跟此前唯一的不同是，它将整个身子都缩到了水下，它背上的斑纹与水纹、石纹浑然一体，难分彼此。若不是它的瞳孔十分有辨识度，我险些就找不到了它！造物之神奇，实在令人感叹。

没入水里的棘胸蛙

蛙蛙的"隐身术"

　　分享完和棘胸蛙"斗智斗勇"的小故事，再给大家介绍一些别的蛙类的"隐身术"。

　　首先有请姬蛙出场。中国常见的姬蛙有饰纹姬蛙、小弧斑姬蛙、粗皮姬蛙等好几种，它们的体长都只有 2~3 厘米，扁平的小身体几乎呈等边三角形，头部又尖又小，眼睛更是只比芝麻大一点儿。如果不注意的话，恐怕会误以为那是一个小泥块。

小弧斑姬蛙

我的朋友告诉我，在浙江湖州的方言里，姬蛙被称为"泥咕嘟"，就是因为人走过时只能看到一个"泥块"跳进水中，"咕嘟"一声不见了。是的，姬蛙只要躲在泥土或草丛里不动，几乎是不可能找到它的。相对而言，在春夏蛙类繁殖季，当姬蛙的雄蛙大声鸣叫时，才容易发现它们。有一种姬蛙，名叫北仑姬蛙（**正是以宁波市北仑区这个地名来命名的**），它有个绰号，叫"迷彩姬蛙"，意思是说它花纹多变，隐身效果好。

有的个体的体色很"迷彩"

● 北仑姬蛙

　　有一次，我把一张趴在落叶层中的北仑姬蛙照片发到朋友圈里，想考考大家的眼力，结果大多数人都难以找到。

　　再来说一种长相奇特、比姬蛙大不了多少的角蟾。这种叫作道济角蟾的新种最初就是我在野外发现的。当时为了寻找它，我可真

● 北仑姬蛙

是费了不少劲。因为它的保护色非常好，很多时候明明听到它就在脚边鸣叫，可就是找不到它。那叫声好像在嘲讽我："来呀，有本

● 道济角蟾

事找到我呀！"

天台粗皮蛙、武夷湍蛙等溪流中的蛙类也是一样。天台粗皮蛙全身的皮肤都很粗糙，颜色也跟岩石一样。有一年七月，我到溪流中夜拍，老远就听到了天台粗皮蛙在鸣叫："喔、喔、喔。"可是走过去一瞧，却一只也没看见。后来，我终于看到一只天台粗皮蛙低伏在溪石的凹陷处，其皮肤的颜色和质感与岩石完全一样。

上面说的几种蛙类，它们的肤色以土黄色、棕褐色为主，跟地表颜色接近。而中国雨蛙的体色尽管比较鲜艳，但同样是隐身高

躲在石头间的武夷湍蛙

中国雨蛙缩在叶子后面休息

手。生活在植物丛中的中国雨蛙背部呈绿色，腹部两侧至大腿分布着黑斑，这些都是它们良好的保护色，让其与周围植被浑然一体。它们白天常隐伏在树叶背后，四肢收拢，一动不动，如熟睡状。如果不是无意中看到，恐怕还真难以找到它们。

其实，刚才说的那些蛙类所具有的保护色，都只能说是很平常的。我见过别人在华南地区拍的一种棱皮树蛙的照片，才令人为之叫绝。这种树蛙的皮肤外观简直就像是苔藓、树皮和岩石的混合体，可谓完美地模仿了热带森林的自然环境。真期望有一天，我能在野外亲眼见到这种神奇的树蛙！

05

林蛙"双胞胎"

如果不仔细观察，难以看出它们有啥不同；但如果点出窍门，要分辨清楚它们则并不难。

看过我的《神奇鸟类在身边》一书的读者，想必会记得其中有一篇《"孪生"野鸟》，文章为大家介绍了不少长得很相似的常见鸟类。鸟儿有这样的近似"双胞胎"乃至"多胞胎"的现象，那么在蛙类中有没有呢？答案是：有，而且很多。

● 黑脸琵鹭

● 白琵鹭

难以分辨的蛙蛙们

在我所居住的浙江省宁波市，目前已知有分布的鸟类达 420 多种，这里面有若干鸟长得很相似，实属正常。可是，截至 2022 年年底，宁波已知有分布的蛙类与蟾蜍总共只有区区 25 种，但就是这样，仍有多种蛙类的辨识存在一定难度，甚至令专业人士都感到头疼。

这里举若干例子。首先，来一组简单的，即**饰纹姬蛙**与**小弧斑姬蛙**。这两种迷你小蛙，在中国南方广泛分布，其体长都只有 2~3 厘米，身体呈三角形，体色以棕褐色为主。如果不仔细观察，难以看出它们有啥不同；但如果点出窍门，要分辨清楚它们则并不难。其实，它们的名字就透露了分辨的窍门：饰纹姬蛙，就是"斑纹装饰好看"的意思；而小弧斑姬蛙名字里的"弧斑"，就是"括弧状的斑纹"的意思。

原来，小弧斑姬蛙的背部中央有条浅黄色的中线，中线两侧有一对黑斑（**有的个体是两对**）很像小括号，就是两个弧形小黑斑，故而得名。但据专家说，他们在野外调查时偶尔也会碰到极少数没有弧斑的个体，于是戏称它为"小无斑姬蛙"。所以在绝大多数情况下，看背部中线两侧有没有"小括号"，就可以区分这两种姬蛙。

● 饰纹姬蛙

● 小弧斑姬蛙

真正令人头大的是，如何区分**臭蛙**、**湍蛙**、**琴蛙**、**林蛙**、**角蟾**之类的两栖动物。最近几年，两栖类物种的具体分类、命名一直在变动，对于我这样的业余爱好者来说，真有些无所适从。比如，在10年前，根据权威工具书，在宁波有花臭蛙分布，而没有天目臭蛙分布（当时认为，天目臭蛙只分布在天目山）。后来，我把自己在宁波拍到的"花臭蛙"与专业图鉴上的天目臭蛙反复比对，根本看不出两者有什么区别。两三年后方知，天目臭蛙在浙江境内广泛分布，而与它长得极相似的花臭蛙在浙江反而可能并没有分布。类似的例子还有，原先在武夷山分布的"花臭蛙"后来也被认为是一个新种，它被命名为黄岗臭蛙。

● 天目臭蛙

● 黄岗臭蛙　王聿凡 摄于武夷山 ▲

● 武夷湍蛙 ▼

又比如，原先认为在宁波分布的湍蛙有两种，即**武夷湍蛙**与**华南湍蛙**，而我依然对它们"傻傻分不清"。后来又得知，在宁波（乃至浙江多数地区）有所分布的应该都是武夷湍蛙。那么，宁波到底有没有华南湍蛙分布？至少目前还是存疑。因为，除非是遇到有明显鉴别特征的雄性个体，否则真的很难仅凭外观区分这两种蛙。

最神奇的是，正是因为这样的分类难度，还让我在无意中帮助科学家发现了一个全球新物种。最初大家认为，在浙江境内有分布的角蟾主要是淡肩角蟾，因此我把自己在宁波拍到的角蟾就理所当然地认定为淡肩角蟾。谁知我发在网上的"淡肩角蟾"照片引起了中山大学专家的注意，他们认为那不是淡肩角蟾，而是属于一种未被发表、描述过的新种角蟾。最终，这种角蟾在 2021 年被以济公的法号"道济"命名为"道济角蟾"。而且，在宁波，很可能并没有淡肩角蟾的分布。

● 道济角蟾

● **淡肩角蟾** 王聿凡 摄于杭州临安天目山

突然"冒出来"的寒露林蛙

接下来，我重点讲讲两种林蛙的故事，即镇海林蛙与寒露林蛙。它们不但长得极为相似，而且在宁波的分布区域完全重叠，真的像是同一个家庭出来的双胞胎。

● 镇海林蛙

2022 年 10 月中旬，我在"华东自然"微信公众号上看到一篇介绍寒露林蛙的文章，忽然发现里面多张照片都注明拍摄于宁波，这让我大吃一惊。因为我从 2012 年就开始独立调查宁波的两栖动物，到 2018 年，我觉得自己大致摸清了在宁波已知有分布的两栖动物种类：它们共 29 种，其中有 5 种属于有尾目（如蝾螈），24 种属于无尾目（含蛙、蟾）。并且，我在已出版的其他作品中对上述全部物种进行了介绍，但是，我从未听说在宁波居然还有寒露林蛙！

　　一直以来，公认在宁波地区有分布的林蛙只有一种，即镇海林蛙——没错，就是以宁波市镇海区这个地名来命名的一种林蛙。这就造成了一种错觉：只要在宁波见到林蛙，那么不用多想，它就是镇海林蛙，别无其他。近几年，每到秋冬时节，都会有人发图片给我，说在山里拍到了一种蛙，问我它叫什么名字。几乎不用看图片，我都可以说：十之八九，那是镇海林蛙，因为这种蛙不惧寒冷，主要在冬季繁殖，因此当别的蛙进入冬眠的时候，它们却正活跃。

● 镇海林蛙

而现在看来，上述判断很可能错了，因为除了镇海林蛙，照片上的还有可能是寒露林蛙！现在，请允许我现学现卖，简单介绍一下寒露林蛙。大家知道，寒露是中国二十四节气之一，时间是在每年的10月8日前后。不过，恐怕很少有人知道，有一种蛙居然以"寒露"来命名，即寒露林蛙——这是中国唯一一种用节气来命名的蛙类。

　　为什么以寒露节气来命名它？原来，寒露林蛙繁殖期就是在每年的寒露节气前后，在这个秋渐深、天渐寒的时节，这种林蛙的雄蛙与雌蛙便纷纷出现在适合产卵的山区水塘旁，开始"找对象"，举行"婚礼"，即抱对繁殖。

　　原先，寒露林蛙一度被认为仅分布于中国湖南省双牌县、贵州省东南部、浙江省丽水市莲都区等少数地方。我后来从王聿凡那里得知，在宁波的四明山里也采集到了这种蛙的标本。不过，截至2022年10月，关于宁波发现寒露林蛙的文章尚未正式发表。

　　根据王聿凡提供的线索，我很快到四明山里实地探访，但很遗憾，2021年10月王聿凡曾见到寒露林蛙繁殖的小水塘现在早已不见踪影——现场正在施工，或许因此早被填埋了。不过，我没有死心，而是继续在附近的山坡上寻找。幸运的是，就在同一个地方，我竟接连见到三只林蛙。如果按往常的做法，我就直接把它们归为镇海林蛙了，但现在我不敢了，我仔细拍摄每一只

● 镇海林蛙

● 寒露林蛙

● 寒露林蛙

蛙，希望能拍清楚它们各自的身体特征。说不定里面就有寒露林蛙呢！

当晚，我把三只蛙的图片发给王聿凡，请他鉴定。果然，他说其中一只是寒露林蛙，而另两只是镇海林蛙！那么，有没有什么直观的方式来区分这两种蛙呢？我又请教了半天，得出了如下经验：

一、镇海林蛙的背侧褶（背部两侧的皮肤隆起，形似皱褶）在鼓膜上方有**弯曲**，而寒露林蛙的背侧褶完全是细而直的**一条线**。

镇海林蛙的背侧褶在鼓膜上方有弯曲

寒露林蛙的背侧褶在鼓膜上方也是直线

二、寒露林蛙后肢上的深色横纹比镇海林蛙的横纹显得**更细窄、更整齐。**

镇海林蛙的后肢上的横纹显得比较宽

寒露林蛙的后肢上的横纹显得细而窄

三、两者的**蹼不一样，腿长也不一样**，但我觉得这一点在野外环境下分辨还是有难度的——除非放在手里观察。

至于它们的体色区别则完全可以忽略，因为哪怕是同一种蛙类，其体色也非常多样，故不足为凭。这一点，跟鸟类识别完全不一样，鸟类的羽色在多数情况下是重要鉴别特征。

有了上述鉴别经验后，我再一翻 2021 年 9 月、10 月以及 2022 年 9 月我在其他地方拍的林蛙照片，果然发现，这里面就有不少寒露林蛙。哈，原来我早就拍到了寒露林蛙！现在回想起来，当时我第一眼见到它们的时候，心中也曾"咯噔"一下：眼前的"镇海林蛙"怎么有点儿怪怪的？但我也没多思考，因为，那时的我认为：宁波不就只有一种镇海林蛙吗？

最后，还是那两句话：一、纸上得来终觉浅，绝知此事要躬行；二、尽信书，则不如无书。希望我们都能以自然为师，不迷信权威，多一点儿怀疑精神，多实践，多思考！

06

最后一分钟见神奇

只要你不放弃，神奇的一刻总会在不经意间降临。

"众里寻他千百度，蓦然回首，那人却在，灯火阑珊处。"这几句出自宋代著名词人辛弃疾的《青玉案·元夕》，想必大家都熟悉。但我如果把词中的"他""人"这两个字都换成"蛙"，大家会不会骂我是在恶搞呢？

显然，就我本人而言，那是一种非常真实、贴切的感受，绝无恶搞之意。那么，这种蛙是什么蛙呢？我又为什么会有这样的感受？且听我细细说来。

几番错过大树蛙

　　在我的其他作品中，我讲述过宁波已知的所有蛙类的故事。令我遗憾的是，那么多种野生蛙类，只有一种是我没有拍到过的，那就是大树蛙。

　　大树蛙属于浙江省重点保护野生动物，在中国南方分布很广，虽说近几年来其种群数量呈明显下降的趋势，但毕竟还不是濒危物种，在浙江的分布数量还是比较多的。但是，大树蛙在宁波境内应该属于罕见物种。我从 2012 年起开始在宁波夜探，却从未见到过大树蛙。后来，两栖爬行动物领域的专家王聿凡告诉我，在宁波

● 大树蛙

余姚境内的四明山某地，他曾见过大树蛙。可惜那个地方离我家很远而且非常偏僻，我没有专门抽时间去那一带寻找。这主要是因为我有点儿偷懒心理，我想，反正到省内其他地方不难找到，就不必到偏远的深山夜探了。

谁知，多年来，我的运气一直不佳，尽管曾多次去外地寻找，却依然与大树蛙缘悭一面。记得我第一次去找大树蛙，是 2013 年 9 月初去杭州夜探。那次我和老熊、金黎、姚晔等朋友一起去杭州西郊的山中，没找到大树蛙，倒看到不少东方蝾螈的亚成体（未成年的个体）。后来，我又到杭州植物园的某个位置找。朋友说，尽管早已过了大树蛙的繁殖季节，但还是有希望见到。然而很可惜，我在植物园里也没找到一只大树蛙。大家分析，那两年抓大树蛙的宠物贩子很多，杭州周边的大量大树蛙都被这些违法分子抓走了。

东方蝾螈（幼体）
由于是幼体，因此它具有很酷的"爆炸式"的外鳃
（这张照片是用水下相机在水坑底部拍摄的）

2015 年 6 月底，我事先问明了大树蛙在杭州临安区天目山的一个确切分布地点，约了老熊和李超一起去那里。原以为这次是十拿九稳了，谁知，我们大老远赶到那里，除了见到很多角蟾，却依旧连大树蛙的影子都没有看到，再次铩羽而归。

天目山的一种角蟾，右边的虫子是某种螽（zhōng）斯

到天目山都没有找到大树蛙，原因很简单，那就是我错过了它们的繁殖季节。金黎多次跟我说，大树蛙的繁殖期在四五月间，尤其在雨后更容易见到，它们会出现在水塘附近抱对产卵。一旦过了繁殖期，它们就在树上或竹林中活动，常待在高处，自然很难见到了。

转眼到了 2018 年 4 月，金黎又约我去杭州，说陪我去拍大树蛙，且保证拍到。可是，到了"五一"假期，我又计划去上海南汇海边拍迁徙的鸟。我心想大树蛙总是在的，先放一放，不急。结果，那个假期海边鸟况惨淡，我没拍到啥东西，心里后悔不已。后因种种原因，原本计划 2018 年一定要拍到大树蛙的愿望又落空了。

差点儿又失之交臂

几次想拍大树蛙都未能如愿，以至于这种蛙成了我的一个心结。2019 年 6 月，机会来了。

原本我就计划在六月的某个晚上特意跑一趟杭州，在 2019 年把大树蛙拍到。恰巧此时，我接到通知，六月中旬到浙江省内的安吉、德清一带参加工会组织的活动。我一看地图，心里有点儿激动，觉得这回有戏！因为安吉、德清一带的山区，正是大树蛙分布密度相对较高的地区。

我赶紧找来了具体行程表，一看，顿时大喜，其中在安吉入住的那家酒店，位置并不在县城，而是在当地孝丰镇，酒店的旁边就是一条大溪流，溪流对岸就是连绵的群山。从理论上来说，那地方肯定有大树蛙。

于是，我在出发前准备好了所有的夜拍器材。6 月 12 日，入住酒店的当天晚上，我就约上同事辉哥一起去夜拍。好在溪流当中有一条拦水坝，我们很容易就走到这条水流湍急的大溪的对岸了。

对岸是个小村庄，村口有一小片竹林，竹林旁有条小溪，水很浅也很缓，几乎看不出在流动。很快我又发现，山脚有条偏僻的小路，基本上跟大溪流平行。我们沿着小路走，沿途除了草叶上的昆虫，居然见不到什么特别的东西，心中未免有些失望。

忽听前面一阵蛙鸣声传来，听上去应该有三种蛙在叫。其中最明显的，自然是"啪嗒，啪嗒"如同轻轻鼓掌声的布氏泛树蛙的叫声，此外还有中国雨蛙发出的有点儿刺耳的"瞿，瞿"声，以及小弧斑姬蛙那低沉、缓慢的"嘎，嘎"声。走近一看，原来那里有一个小水坑，那些蛙就是看中了这水坑，准备来这里配对、产卵的。不过，上面所提到的都是常见蛙类，我也没多大兴趣拍摄。

忽然，我看到一条小小的短尾蝮趴在水坑边。我大声喊："辉

中国雨蛙

小弧斑姬蛙非常微小，在地面上也难以被找到

哥，快过来，一条毒蛇！"辉哥立即走到我身边，连声问："在哪里？在哪里？"我指着蛇说："这不是吗？暗褐色的，小小的，在草边呢！"可惜缺乏夜拍经验的辉哥硬是没看到。而神奇的是，当我从摄影包里找出另外一支手电，准备拍这条蛇的时候，发现它不知何时已经消失了。"你肯定看走眼了，根本就没有蛇！"辉哥说。我瞠目结舌，一时无法辩驳。

继续往前走了一段，由于没什么收获，我们就原路折回。快到刚才的水坑时，我说："我们轻手轻脚过去，说不定那条短尾蝮又回来了。"于是，我走在前面，用手电先扫了一圈，果然不出我所料，它又盘在水坑边了。看来，这里有这么多蛙可作美餐，这条蛇不死心，因此很快回来"守株待蛙"了。

短尾蝮盘在水坑边，伺机捕食蛙类

短尾蝮的体色跟泥土十分接近，不易被发现

神奇在不经意间降临

当晚回到酒店，我沮丧地想：唉，估计拍到大树蛙的愿望又要到下一年才能实现了。

次日白天，雨下得哗哗响，到了晚上，依旧飘着细细的雨丝。六月的雨后，是蛙类最活跃的时候，因为它们得趁雨后有积水赶紧出来求偶、繁殖。我独自出门夜拍，还是走前一晚的那条山路。果然，中国雨蛙等蛙类多了不少，我拍了几张，也录了一下蛙鸣声，但还是没找到大树蛙，只好再次失望而返。

我回到村口的那片小竹林，正要过水坝回酒店，心念忽然一转：大树蛙不是喜欢栖息在竹林里吗？这个竹林旁有水流很缓的小溪，说不定也适合它们繁殖呢！这里说明一下，跟布氏泛树蛙一样，大树蛙也会把受精的卵泡产在临水的植物的叶子上，等蝌蚪孵出来后，蝌蚪会直接落到水中继续发育成长。

于是，抱着"死马当活马医"的心态，我举着手电踏入了竹林，刚走进去没几步，我的眼睛不由得一亮：天哪，贴在毛竹上的这不正是一只大树蛙吗？！是真的，我没有看错，一只几乎有我的手掌心那么大的大树蛙正一动不动紧贴在毛竹上，离地一米多一点儿，其脚趾上的吸盘与蹼都很明显。除腹部外，它几乎全身碧绿，背部有几处黄褐色的小块斑纹，体侧有白色的小圆斑。我看过不同个体的大树蛙的照片，它们体表斑纹的大小、数量与分布都没有规律，这显然是一种保护色——当它们在树上活动时，这些斑点看上去就像是绿叶上的斑点或是被虫子咬过后留下的虫洞。

● 大树蛙

另外，从它那鼓鼓的肚皮来看，这很可能是一只雌蛙。这片竹林的面积很小，我用手电大致搜寻了一遍，并没有见到其他的大树蛙。所以，有点儿可惜，我见不到大树蛙雌雄抱对的场景了。

　　再回过身来看这竹林里唯一的一只大树蛙，它依旧老老实实贴在竹竿上，没有任何移动。说真的，我当时心里涌出一种奇妙的感觉，觉得它跟我之间好像存在着某种"心灵感应"，就在那里一直等着我过来似的。

　　只要你不放弃，神奇的一刻总会在不经意间降临。

● 大树蛙

大树蛙 金黎 摄

大树蛙抱对繁殖（上雄下雌） 金黎 摄

五步蛇惊魂夜

尖吻蝮，其俗称很多，有五步蛇、百步蛇、白花蛇、蕲蛇等。

截至 2022 年，我迷上自然摄影已有 17 年，而夜探自然的经历也已有整整 10 年。这么多年在野外行走，而且多数情况下是独自一人，你若问我最害怕的是什么，我的回答是：不是迷路，不是受伤，也不是碰到野兽，而是无意中触碰到五步蛇受到其攻击。

是的，这么多年来，我觉得自己离死亡最近的一次，就是 2019 年春末的那个晚上与五步蛇的狭路相逢。

"以啮人，无御之者"

先来介绍一下五步蛇这种自古以来就令人闻风丧胆的剧毒蛇。唐朝柳宗元的名文《捕蛇者说》，很多人都熟悉。其开头云：

> 永州之野产异蛇，黑质而白章，触草木，尽死；以啮人，无御之者。然得而腊之以为饵，可以已大风、挛踠、瘘疠，去死肌，杀三虫。其始太医以王命聚之，岁赋其二。募有能捕之者，当其租入。永之人争奔走焉。

通常认为，文中说的毒性令人闻风丧胆但药用效果显著的"异蛇"，就是尖吻蝮，其俗称很多，有五步蛇、百步蛇、白花蛇、蕲（qí）蛇等。柳宗元对它的外观形态的描述只有一句话，即"黑质而白章"，明朝李时珍的《本草纲目》中也有关于蕲蛇的记载，并对其外观有详细描述："龙头虎口，黑质白花，胁有二十四个方胜文，腹有念珠斑……"无论是"黑质而白章"还是"黑质白花"，都是说这种蛇"黑色的身体上有很多白色斑纹"，这确实跟成年

| 093 |

尖吻蝮的特征比较吻合。未成年的尖吻蝮体色偏淡，背部以棕色为主，体侧有一排棕褐色的三角形斑（即所谓"方胜文"，但未必有24个），腹部白色，有一连串黑斑（即所谓"念珠斑"，成体的腹部特征与幼体相同）。而成年尖吻蝮的体色明显变深，背部整体呈黑棕色，体侧的三角形斑也为黑色，而三角形斑的边缘颜色较浅，为灰白色，故给人以"黑质白花"的整体印象。但实际上，尖吻蝮最具有标志性的特征却不是这个，而是其嘴的吻端尖而上翘，故名"尖吻"。

柳宗元对尖吻蝮的毒性有惊人的描述："触草木，尽死；以啮

"黑质而白章"的尖吻蝮

● 尖吻蝮（幼体）

人，无御之者。"前面那句"触草木，尽死"纯属传言，因为没有一种蛇浑身（包括体表）皆有毒性，它经过的地方连草木都会被毒死；但后面那句"以啮人，无御之者"（意思是说，人被咬后很难救），倒真不算夸大，特别是在医疗技术与交通都不发达的古代。

其实，若论单位数量的毒液的毒性，尖吻蝮在中国的毒蛇中绝对算不上名列前茅，跟位列中国陆地上毒性第一的银环蛇比有很大差距。但是，为什么人人都谈五步蛇而色变呢？那是因为，尖吻蝮属于大型管牙类毒蛇，且性情凶猛，一旦被激怒，一口咬下去，注毒量很大（是银环蛇的好多倍），因此毒性发作很快而且很猛，故有"五步倒"的夸张说法。这种蛇的毒属于血循毒，被咬伤者的伤口很快会出血、肿胀并伴随着剧痛，还会发生肌肉溶解现象，若不及时救治，很容易导致残废甚至死亡。

几番不期而遇，几次冷汗直冒

　　若仅仅是谈论或白天遇到五步蛇，我并不怕，甚至还很喜欢这种不怒自威的毒蛇。但我怕在野外不小心碰到它，特别是在黑夜的山林里。因为五步蛇的体色跟山野的环境色非常接近，特别是其棕黑相间的大斑纹很像落叶；而且，这蛇仗着自己毒性大，平时淡定（或者说霸气）得很，经常在地面盘成一团，人从一旁走过（只要不踩到它）也不会动。但如果在野外行走、拍照时因为没有发现蛇，而在无意中触碰到了它的身体，那么结果将会是悲剧性的。

　　我第一次见到五步蛇是在 2013 年 7 月。那天晚上天气非常闷热，我和好友李超一起到山里夜拍。我们沿着一条非常狭小的山沟溯溪而上，李超走在我前面一两米远的地方。走着走着我想喝口水，就在低头拿水壶的瞬间，我瞥见了一团东西，顿时吓得一激灵，马上大声喊道："李超，停下，不要动！五步蛇就在你脚边！"是的，一条棕黑色的尖吻蝮离李超的脚只有半米左右。它安安静静地盘在石头上，三角形的头部傲然翘着，似乎并没有把人放

● 尖吻蝮

在眼里。我们立即退后，与它保持安全距离，然后悄悄拍照。

　　2017 年的暑假与 2019 年的国庆假期，我都曾带孩子们在山路边夜探，没想到都发现了五步蛇，而且见到的都是体形较小、体色较淡的幼蛇。蛇虽小，毒性却依然不可小觑，因此我不敢大意，当即安排孩子们迅速撤退。犹记得 2017 年暑期遇见的那条，当时它正盘踞在路边泥土裸露的

斜坡上，棕褐的斑纹与黄土浑然一体。而2019年10月遇见的那条则躲在灌木丛下面，看上去就像是一段枯枝，若不是它动了一下，我们绝对不会发现它。正是基于上述经验，我每次带队夜探之前，都会反复向孩子们强调：

第一，必须穿高帮雨靴进山；
第二，绝对不能乱摸，不能把手放到任何没有确认过是安全的地方。

你能一眼找到这条尖吻蝮吗？

以上几次见到五步蛇，虽说有点儿害怕，但毕竟我每次看到时都离它有两米左右，还是挺安全的。但 2019 年春末那次相遇，可真的非常凶险。那一年我痴迷于自然录音，经常到野外去录鸟叫、蛙鸣、虫吟等声音。2019 年 5 月 18 日晚上，我和妻子到四明山的清源溪边录蛙鸣兼夜拍。那段时间，正是凹耳臭蛙这种珍稀蛙类求偶鸣叫的时候，其雄蛙常在溪畔山坡的树林里或灌木丛中鸣叫，但很难被找到。深夜 11 点左右，我听到山坡上的竹林中有很多凹耳臭蛙在鸣叫，于是让妻子在车里等我，自己背着摄影包，举着录音器材去爬一个比较陡的坡，想近距离录蛙鸣。

　　我来到一块巨大的岩石下面后，嫌摄影包太重，就把它先搁在岩石附近，轻装上阵，继续往上攀爬。当时，我左手拿着录音器材，右手抓住毛竹，借力往上走。当我爬到巨岩右边，正准备伸手抓住眼前的毛竹时，神奇的第六感突然出现了：看这环境，可不要有五步蛇啊。哪知，心念刚转，忽然见到眼前的毛竹根部正盘着一条巨大的五步蛇。这是我见过的最粗、最黑的五步蛇！它足有小儿手臂粗，头顶更是乌黑一片，令我胆战心惊。

　　顿时，我整个人都蒙了，僵在那里丝毫不敢动弹。它就在我前方不到一米的地方！如果刚才我真的把右手搭到那棵毛竹上，万一手往下一滑，岂不刚好碰到了蛇！

　　现在，尽管我已经先发现了它，但危险并没有消除。如果待会儿它受到了惊动，顺势往下面游走，很可能直接往我这边过来。而我，正处在它右下方一点点的位置啊，实在是退无可退！

就这样僵持了一会儿，这条五步蛇也许是感觉到了什么，有点儿不安地放松了原本盘作一团的身体，起身游走。还好，它不是往我这边来，而是往左下方而去，消失在了那块巨岩的下方。此时，尽管警报已经解除，但我的心还是在怦怦乱跳，衬衫也已被冷汗浸透了。

岩石下方只露出脑袋的尖吻蝮

我也随即从山坡上下来，发现它就盘在岩石下面的草丛中，又一动不动了。这时我才从容地从摄影包里取出相机，小心翼翼拍了几张照片。过了一会儿，它又游走了，这回钻入石缝里不出来了。谢天谢地，有惊无险！

盘在落叶丛中的尖吻蝮

巧的是，两天后的晚上，我在另一座山的溪边又见到一条很大的五步蛇。这次由于在七八米外一眼就看到了，我就一点儿都不害怕，反而觉得它很好看。

前面讲了那么多惊魂故事，恐怕已经把有些读者给吓着了。其实，五步蛇虽然毒性强，但只要不去碰它、惹它、抓它，它并不会无端地主动攻击人。五步蛇以鼠类为主要食物，也吃蛙、蛇、鸟或蜥蜴等小动物，于人无害，相反，它是生物链中的重要一环，我们要注意保护它才对。

知识延伸

野外如何避免蛇伤

在野外行走，特别是在夜探过程中，与蛇类不期而遇是十分平常的事。那么，我们应该怎么做，才能做到人与蛇互不伤害呢？我想，若能做到以下几点，基本可以保证安全。

一 在野外不要穿短裤、凉鞋、洞洞鞋等，应穿长裤、运动鞋，如果是夜探的话，最好穿高帮雨靴。这样就算一不小心踩到蛇，那么被蛇咬到皮肤的概率也是非常低的。

二 行动要谨慎，不要随意走入茂密的草丛、灌木丛，更不能在看不清楚的情况下就乱摸或随意坐下，以免在无意识状态下触碰到蛇。

三 万一遇到蛇，没有必要试着去分辨那是毒蛇还是无毒蛇，因为这么做的难度很大，非常容易造成误判，从而出现不必要的风险。比如说，依靠"头部三角形与非三角形"来判别就是完全不靠谱的。举个例子，剧毒的银环蛇的头部就是椭圆形的，而无毒的绞花林蛇的头部却是标准的三角形（详见下一章——原来你是一条假毒蛇）。

最后，切记，对于蛇，我们不妨遵循"惹不起，躲得起"的原则，互相留点儿空间，则相安无事，否则很可能两败俱伤。

08

原来你是一条假毒蛇

> 普通人在野外遇到蛇，完全没必要去看清楚那是毒蛇还是无毒蛇，只要一律"敬而远之"，远远绕开就是。

朋友们都知道我喜欢夜拍蛙类与蛇类，因此他们一旦在户外遇到蛇，常会拍照片发给我，然后提各种各样的问题，诸如：这是什么蛇？有毒吗？是保护动物吗？如果是毒蛇又不是保护动物，是不是应该把它打死？如何区分毒蛇与无毒蛇？是不是头部呈三角形的就是毒蛇？

总的来说，我觉得公众对身边的蛇类是极度缺乏了解的，很多人看到蠕蠕而动的蛇，第一反应是害怕、厌恶，甚至有人不管三七二十一，就近拿起石头或棍子把蛇当场打死。这种情形实在令人心痛。很多时候，恐惧只是来源于无知与误解，我们若能对蛇多一些了解，今后就会少很多无谓的恐惧与伤害。

在这里，我为大家介绍四组蛇，每一组包括两种蛇，其一为毒蛇，其二为长得相似的无毒蛇。它们都是在中国南方分布广泛的蛇，平时遇见的概率相对较高。

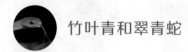 竹叶青和翠青蛇

　　大家知道，在民间传说《白蛇传》里，有一位由青蛇所化的美女叫作小青，而我们自然摄影爱好者常把一种蛇昵称为"小青"，那就是竹叶青蛇。竹叶青蛇有多种，这里介绍国内最常见的一种，即福建竹叶青蛇，下文简称为小青。

　　小青是一种常见又好看的管牙类毒蛇，体长通常为七八十厘米，略娇小，通体碧绿，只有细长而善于缠绕的尾部为焦红色，因此在中国台湾它还有一个好听的名字，叫作"赤尾青竹丝"。小青的体侧，有的"绣"着一条白色纵线纹，有的则是红白各半，按照赵尔宓《中国蛇类》一书的描述，纯白纹的是雌蛇，有红有白的为雄蛇。小青的头部为标准的三角形，头侧有热感应颊窝，这让它对身边的温度变化非常敏感，只要有老鼠、蛙类、蜥蜴等动物出现在合适的位置，它就会迅速出击捕食。最迷人的，是小青的眼睛。小青的眼睛多数为黄色，有时也呈现为红色，瞳孔在多数情况下看上去如同垂直的一条线，是竖着的，有点儿像猫的眼睛，幽冷而神秘。

● 福建竹叶青蛇（雄）

● 福建竹叶青蛇

　　小青主要在夜间活动，喜欢长时间待在溪边的石头上或树枝上，伺机捕食。在我的十年夜探经历中，小青是我遇见次数最多的蛇，特别是在夏天，几乎每次到溪流附近都会看到。小青是一种温和而淡定的蛇，见到人通常不会跑，只要不去干扰它（包括无意中触碰到），小青绝对不会主动攻击人。

　　翠青蛇也是一种在国内广泛分布的常见蛇类，由于也是全身碧绿，常被误认为是竹叶青蛇而被打死。说来奇怪，我竟从未在野外见到过活的翠青蛇，每次见到，都是"冤死"的翠青蛇：不是头部被砸烂了，就是被过路的车碾死了。翠青蛇属于游蛇科，无毒，其习性跟昼伏夜出的竹叶青相反，主要于白天活动，爱捕食蚯蚓与昆虫，晚上则在树枝上睡觉。其实，翠青蛇与福建竹叶青蛇的显著区别之处有不少：

一、头部为椭圆形，而非三角形，无颊窝；

二、瞳孔为圆形，黑色，而非竖瞳；

三、体侧亦为绿色，无红白色侧线；

四、尾端也是绿色，而非焦红色。

● **翠青蛇** 姚晔 摄

短尾蝮和颈棱蛇

短尾蝮可以说是国内分布最广的一种常见毒蛇，北到辽宁，南到福建，西到四川、贵州，都有分布，尤其以长江中下游一带最多。因此，它也是国内咬伤人最多的毒蛇。但实际上，跟绝大多数蛇一样，短尾蝮也不是一种会主动攻击人的蛇，咬人只是它被迫的自我防卫行为。

我老家在浙江海宁市的农村，说起毒蛇，小时候最让我有"如雷贯耳"之感的，当属一种方言叫作"灰链鞭"的毒蛇。大人们说，这种灰链鞭身体短短的，体色跟泥土差不多，不留神的话可能会以为是一团泥土或者一截枯树枝之类，但它是毒蛇，万一被它咬了，不及时救治的话，弄不好会死的。后来我才知道，这"灰链鞭"，正是短尾蝮。

2013 年夏天，我常去宁波郊外的农田夜拍，有一天晚上就遇到了短尾蝮。当时，它盘身在一堆枯草上，一动不动。我蹑手蹑脚地走近，终于拍到了它，这也是我人生第一次看清楚了这种毒蛇的模样：头部略呈三角形，与颈部区分明显；眼后有一道显著而粗的黑褐色过眼纹，而这道过眼纹的上面，还有一道细细的白色"眉纹"；背面深褐色，略偏红，背上有两行深棕色圆斑，如朵朵乌云一般。当然，正如短尾蝮这个名字所示，它身体短而粗，尾巴就更短了。当它盘起身子的时候，真的有点儿像一坨狗屎，所以有的地方赠给它的"雅号"就是"狗屎蝮"。

● 短尾蝮

而有一种无毒蛇，因为长得颇似短尾蝮，被人称为"伪蝮蛇"，那就是颈棱蛇。颈棱蛇属于游蛇科，在中国华东、华南、西南地区均有分布，国外则见于东南亚。这种蛇身体粗壮，尾较短，背面呈棕褐色，有两行粗大的深色斑块，头部略呈三角形，眼后也有一道深色斑纹，总之它非常像短尾蝮。当颈棱蛇受到惊吓时，它的身体会变得扁平，头部也会更像三角形，并做出攻击状，以吓退敌人。可惜我虽然久闻其大名，迄今却尚未亲眼见过这种蛇。这里的照片，是我的朋友周佳俊拍的。

● **颈棱蛇** 周佳俊 摄

● 颈棱蛇 周佳俊 摄

尽管颈棱蛇善于"狐假虎威"，但实际上它跟短尾蝮还是不难区别的，只不过那些区别都体现在细节上，比如说：颈棱蛇瞳孔为圆形，而非竖瞳（这里注意，其实在某些时候，竹叶青、短尾蝮的瞳孔由于睁大了，所以看上去也像是圆的）；其头部没有颊窝，也没有那道细细的白色眉纹；背上的斑纹其实也跟短尾蝮不一样……

短尾蝮的头部有一道白色"眉纹"

银环蛇与黑背白环蛇

　　银环蛇是中国陆地上毒性排名第一的剧毒蛇，喜欢生活在靠近溪流、湖泊等近水处，以夜间活动为主，捕食蛙类、鱼类、蜥蜴、鼠类等。这是一种性情温和的蛇，除非被触碰或攻击，一般不会主动咬人。不过，银环蛇在攻击前并没有颈部膨胀之类的警告动作，直接下口就咬；其咬人后注毒量并不大，但毒性极为猛烈，如果得不到及时治疗，被咬者很快会因呼吸麻痹而死亡。

　　说来奇怪，我 2013 年就在野外见到过银环蛇，后来也见过多次，但基本上都是只拍到半条蛇，因为它溜得很快，迅速进入草丛，故当我按下快门时，就只能拍到尾巴了。

　　有趣的是，多年来，我倒是拍过很多次"山寨版"的银环蛇，即无毒的黑背白环蛇（中国有很多种白环蛇，都是拟态剧毒的银环蛇，以起到吓退敌人的作用）：身体是同样的黑白相间，头部是同样的椭圆，眼睛是同样的黑而圆……我第一次在溪边见到黑背白环蛇，就误以为是银环蛇，结果把自己吓得不轻。

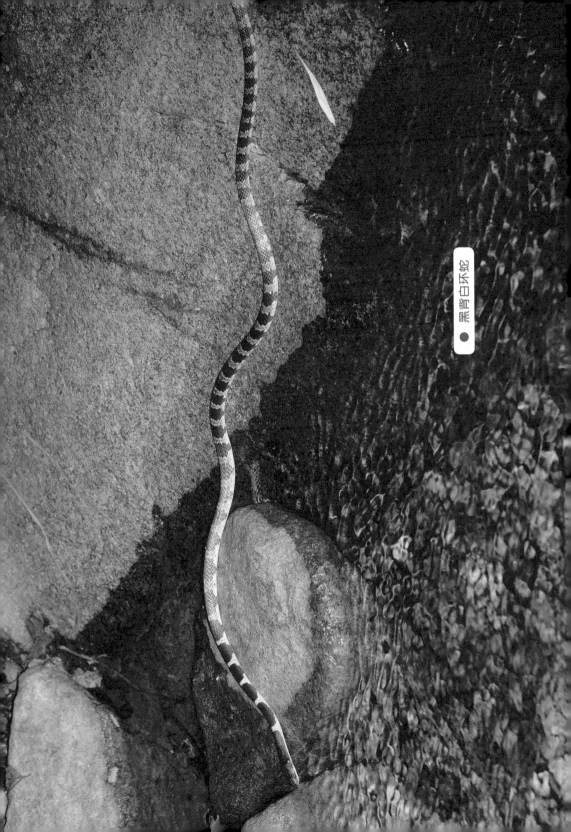

●黑背白环蛇

一直到 2022 年秋天，我终于拍到了完整的银环蛇。九月底，我的朋友金博士告诉我，在他住的山居旁的溪流里，常有银环蛇出没。于是，10 月 1 日晚上，我约了朋友李超一起到那条溪流夜拍。神奇的是，那天刚走下溪流，走在前面的李超就喊了一声："啊，那不就是银环蛇吗？"两个多小时后，我们在上游一百多米的地方又见到了一条银环蛇。那天晚上，我们有了充足的时间来观察和拍摄这种鼎鼎大名的毒蛇。

银环蛇的头部为椭圆形，与颈部没有明显分界线

那么，"山寨银环蛇"与真正的银环蛇的直观区别，到底有哪些呢？首先，可以看尾部特征，黑背白环蛇的尾巴非常细长，并且是逐渐变细的；而银环蛇的尾巴是骤然变细的。其次，银环蛇的背脊耸起，也就是说其身体的横断面呈三角形，给人以棱角分明的感觉；而黑背白环蛇的身体显得比较圆润。最后，银环蛇的白色环纹比较细而窄，黑白非常分明；而黑背白环蛇的白色环纹比较宽大，且越往身体的后段，白色越不显著，而变成浅褐色环纹。

黑背白环蛇的尾部特别细长

银环蛇的尾部迅速缩短 ▲

银环蛇黑白分明的"配色"实际上是一种警告色，提醒敌人自己不好惹 ▼

原矛头蝮与绞花林蛇

　　最后"携手"亮相的，是原矛头蝮与绞花林蛇。是的，这又是两种超级相似的蛇，无毒的后者拟态剧毒的前者。不怕大家笑话，在原矛头蝮与绞花林蛇这一组的识别上，我还真有过"翻车"经历，在事先学习过两者的区别要点之后，在一次夜探中我还是误把绞花林蛇当作了原矛头蝮。

　　在我国台湾，原矛头蝮被称为"龟壳花"，根据这个名字，我们就可以想象这种蛇身上的斑纹是什么样。是的，就像是龟壳上的深色块状斑纹，也有点儿像一连串的深色云朵。原矛头蝮的头部呈锐角三角形，与细细的颈部有明显区分，形似烙铁，故又名"烙铁头"；其尾部比较纤细，善于缠绕，常攀爬上树捕食。

原矛头蝮的头部就像一块烙铁，故俗称"烙铁头"

在外观上，绞花林蛇"模拟"原矛头蝮几乎到了以假乱真的程度，无论是细长而偏棕色的身体、三角形头部、深色云朵状的斑纹、善于在树上缠绕的本事等，都高度相似。再来看瞳孔，原矛头蝮的瞳孔是竖的，而绞花林蛇的瞳孔是竖椭圆形的，也很相似。因此，在野外复杂环境下（比如是在灌木中）猝然相遇的话，还真难马上确定到底是哪一种。

● 原矛头蝮

● 绞花林蛇

● 原矛头蝮

● 绞花林蛇

但如果能近距离观察的话，两者还是不难区分的：

首先看头部鳞片，原矛头蝮头部鳞片是非常细密的，而绞花林蛇的头部具有大块的鳞片。

其次看颊窝，原矛头蝮的眼睛前面，有明显凹下去的颊窝，而绞花林蛇没有颊窝。

原矛头蝮的头部鳞片细密，眼前有明显颊窝

绞花林蛇头部上方的鳞片为数枚大鳞

另外，两者的斑纹其实也是不一样的，至于尾巴，也是绞花林蛇的尾巴更为细长。但话说回来，一般人怎么可能在野外仔细查看一条蛇的头部特征？说不定就在你俯身的时候，受到惊扰的毒蛇已经张嘴出击了。特别是原矛头蝮，这种蛇的脾气可是相当暴躁，人稍微靠近，它就立即做出攻击姿态，同时嘴里还会发出近似"呼，呼"的恐吓声。

原矛头蝮把自己盘成一团，时刻准备攻击

最后，简单总结一下。首先，蛇是生态链中的重要一环，应注意保护，完全没有必要视之为仇敌，欲除之而后快。其次，关于毒蛇与无毒蛇的分辨，有时真的是挺难的，比如说，依靠"头部三角形与非三角形"来判别，就是完全不靠谱的。因此，我的建议是，普通人在野外遇到蛇，完全没有必要去看清楚那是毒蛇还是无毒蛇，只要一律"敬而远之"，远远绕开就是。

　　我有时也问自己：以后在野外见到黑白相间的蛇，真的能十分有把握地区分真假银环蛇吗？我想是不能的。因为，野外观察的角度与光线、蛇的不同状态（比如说，成蛇和幼蛇就具有不同的特征），都可能造成误判。

　　由这样的误判造成的粗心大意或胆大妄为，后果是极其可怕的，毕竟生命只有一次。在大自然面前，胆小并不可耻，我们还是多一点儿谦卑，多一点儿敬畏为好。

09

森林中的晚餐

跟蟹蛛的捕食方式类似，蚰蜒也是暗夜里的昆虫杀手。

　　从仲春到中秋，都是夜探的好时节。特别是在森林里，夜晚更是生机勃勃，其"热闹"程度一点儿也不比白天差，除了相对难以见到的兽类，各种昆虫、蛙、蛇等小动物还是容易见到的。这些动物，在行为上有个共同特征，就是属于"夜行性"的，即白天以隐匿休息为主，夜晚出来活动。当然，也有的物种，比如螳螂，则是"白加黑"都不闲着。那么，它们晚上出来干啥呢？无非就两个目的，觅食与求偶。本书中的《"吹泡泡"大赛》《蛙蛙"比武招亲"》讲的就是蛙类的求偶故事，现在，我再为大家讲讲自己见过的森林中小动物"干饭"的事儿。

螳螂：灌木丛里的"杀手"

中华大刀螳，又名中华刀螳，可以说是国内体形最大、分布最广、最为常见的螳螂。其体色有绿色与褐色两种，体长最大可达 12 厘米。中华大刀螳，从其名字里的"大刀"两字，就可想象它是多么

● 中华大刀螳

威风。无论在山区、农田还是城市绿地，都不难见到它们的身影。

　　螳螂属于凶猛的肉食性昆虫，"螳臂当车""螳螂捕蝉，黄雀在后"等成语都说明古人早就观察到了螳螂在御敌、捕食时所表现出来的勇猛气概。螳螂能够捕猎体形较大的蝉，这首先得归功于它们具有一对善于抓捕猎物的前足。这对前足被称为"捕捉足"，整体呈镰刀状，可以折叠，收放自如，上面还生了很多长短不一、具有倒钩的小刺。一旦有昆虫被这样的前足搂住，那就真的是难以逃脱的"致命拥抱"。

　　我多次拍到过中华大刀螳吃其他昆虫的场景。2022 年 7 月的一个晚上，我带孩子们在宁波塘溪镇的山村夜探。我们拿着手电沿路搜索，有个孩子忽然大叫："快看，螳螂在吃东西！"我赶紧过去一看，原来是一只绿色的中华大刀螳正在绿叶丛中啃食一只绿色的螽（zhōng）斯。不得不佩服，孩子的眼神可真棒！螳螂也好，树叶也好，都是鲜绿色的，而且螳螂的大半个身子起初还是隐藏在叶子背后的，居然也被发现了！再仔细一看，螳螂的翅膀尚未发育完全，说明这还是一只若虫而非成虫，即还是个"少年"。

　　2022 年国庆长假期间，我和女儿以及朋友李超等人到山里夜探。午夜时分，当我们准备原路返回时，忽见盘山路的地面上有只中华大刀螳在吃东西。蹲下来仔细一看，原来它是在啃咬一只纺织娘（夏秋夜间的著名鸣虫之一）。当时，它已把纺织娘的头部吃掉

中华大刀螳（若虫）捕食螽斯

了，正在津津有味地咀嚼其腹部，甚至连内层的薄翅都要吃。起初，这只正吃"夜宵"的螳螂被雪亮的手电光照得有点儿不知所措，暂停了就餐，但没过一会儿，就又旁若无人地吃了起来。

纺织娘，经常会成为螳螂、蜘蛛的"晚餐"

中华大刀螳吃纺织娘

更有趣的事发生在 2018 年 9 月。那天晚上，在东钱湖马山湿地，我看到一只中华大刀螳用前足夹住了一只昆虫正在享受"晚餐"。当时，那只虫的头部已经被啃掉了，只剩下绿色的腹部。而且，看上去那被捕食的牺牲品显然也是一只螳螂。讲到这里，有人可能会说：哇，看来《黑猫警长》里关于螳螂"新婚之夜凶杀案"的故事真的发生了！莫非是螳螂新娘吃掉了新郎？事后，我把照片给熟悉昆虫的朋友看了。朋友说，被中华大刀螳捕食的确实也是一只螳螂，只不过不是"新郎"，而是一只广斧螳。

中华大刀螳捕食广斧螳

游蛇：溪流中的"渔夫"

在中国南方的溪流中，有一种常见的蛇，名叫乌华游蛇，人们通常称之为水蛇。这种蛇体长可达一米以上，眼睛乌溜溜的，身上跟赤链蛇一样有很多偏深色的环状纹，乍一看挺凶悍的样子。其实这是一种无毒蛇，胆子小得很，见人就跑。而且它善于游泳，速度极快，因此要拍好它还真不容易。

说来好笑，我曾有两次和乌华游蛇狭路相逢的"惊悚"经历。第一次，是在四明山中。一条乌华游蛇突然发现我走来，竟慌不择路，直接向我胯下冲来，弹跳着跃到我的身后，扬长而去。还有一次，是在浙江鄞州塘溪镇的山里，我跟一条粗壮的乌华游蛇在非常狭窄的溪沟里相遇。我拿蛇钩拨弄了它一下，想让它让路，结果这家伙在极度惊恐又退无可退的情况下，居然闪电一般张嘴向我扑来，倒把我吓了一大跳。俗话说"兔子急了也咬人"，看来无毒蛇也不是那么好惹的。

乌华游蛇喜欢在流溪中的石块间活动，有时也会待在溪边的枯

● 乌华游蛇

树枝上，伺机捕食鱼类、蛙类等。尽管此前多次见过这种蛇，但我从未见过其进食的场景。后来，有一次带孩子们夜探山村，我们走过溪流上方的小桥，有个小男孩无意间拿手电往下方照了一下，便大声说："呀，有蛇！"于是大家都赶紧往下面看，好多支手电把溪流照得一片亮堂，发现桥下的溪中有好几条乌华游蛇。它们占据着一个小水坝的下游，微微昂着头，似在等待被冲下水坝的小鱼。

那天运气好得很，很快我们就发现左边的角落里有一条乌华游蛇正在吞食一条银白的小鱼。我注意到一个有趣的现象，那就是它吞鱼居然是咬住鱼尾就直接下咽的。很快，可怜的鱼儿就只剩下头部。这种吃法，跟翠鸟吞鱼完全不同。翠鸟抓住了鱼，如果是自己吃的话，必然会不断调整鱼的姿态，直到让鱼头朝着自己的咽喉，然后才会顺势吞下；如果这只翠鸟叼了鱼准备给雏鸟吃，才会把鱼尾对着自己的喉部，而把鱼头对着孩子张大的嘴进行喂食。

乌华游蛇吃鱼

溪蟹：山中"清道夫"

　　山溪中还有一种让我感兴趣的小动物，那就是溪蟹。小时候在老家，我最喜欢做的事情之一就是抓"石蟹"（这是当地方言的称呼），有时去翻沟渠中的石块，寻找躲在下面的蟹，更多的时候是直接将手伸进沟边的泥洞里将蟹掏出来，尽管弄得浑身是烂泥，我也乐此不疲。近年来溯溪夜拍，溪蟹常可见到，这种蟹跟我老家的石蟹长得很像，不过我不再抓它们了。

　　这里说的溪蟹，是泛指溪蟹科的物种，在中国分布极广，具体有好多种。可惜，我不知道宁波一带的常见溪蟹叫什么名字。它们身体呈暗棕色，最大的个体有幼儿的手掌那么大。白天它们通常躲于溪边的石块底下，晚上出来觅食。几年前，我带女儿航航在溪流中夜拍，她看得比我仔细，居然发现有一只溪蟹正躲在石缝旁边吃一条银色的死鱼。这是我第一次见到溪蟹进食的场景。还有一次，我看到一只溪蟹在吃一枚豆荚，当时颇有点儿惊奇，因为没想到溪蟹居然还会吃素食。

溪蟹吃被"路杀"的蛙类

溪蟹吃昆虫

后来我查了一下资料，方知溪蟹为杂食性，动物植物都会吃，但偏喜肉食，主要以鱼、虾、昆虫以及一些动物尸体为食。我整理了自己近年来拍到的溪蟹进食的照片，果然发现它们不仅吃鱼虾，还吃甲虫、螺类、蜈蚣，几乎逮着什么就吃什么。它们吃饭的样子十分有趣：两个大钳就像人的双手一样，很认真地捧着来之不易的食物，左右轮流着把东西往嘴里塞。这时，你若逼近它们，它们会非常生气地举起双钳，以示威胁。根据拍摄记录，我感觉溪蟹在一定意义上可以说是溪畔的"清道夫"，因为它们确实常吃动物尸体，这或许跟它们捕食活体较为困难有关。特别是夜晚的山区公路上常有蛙、蛇、昆虫等小动物被过路的车子碾死（我们称之为"路杀"），于是在事后常有溪蟹过来把它们的尸体拖走、吃掉。

溪蟹摆出防御的姿势

蜘蛛：暗夜里的捕虫者

夜幕降临，无论在城市的绿化带里，还是在山路边，蜘蛛都在忙碌着。在夜探时，我见过的蜘蛛种类很多，它们体形相差极大，小如绿豆，大如一元硬币，可惜对于大多数种类，我都叫不出它们的名字。

有一次，我去鄞州公园夜探，沿着水边栈道一路看下来，忽然注意到一个有趣的现象：凡是在栈道底下安装灯的地方，几乎都有蜘蛛结了网，然后它们就各自安坐"中军帐"，等猎物触网。我不禁佩服蜘蛛的聪明，它们显然知道灯光对于飞蛾等昆虫有诱惑力，因此纷纷把网结在灯的边上。当飞虫不幸撞到蛛网上，蜘蛛便急急忙忙跑过去，用蛛丝将虫子重重缠绕。

山里的蜘蛛，没有灯光可以利用，但它们同样善于利用自身优势来进行捕食。有的蜘蛛会结特别复杂的网，这张网不是平面的，而是立体构造，层层叠叠、里里外外、高高低低，犹如宏伟的亭台楼阁。蜘蛛安坐在里面，静待昆虫自投罗网。一只飞蛾路过，不幸

蜘蛛捕食飞蛾

被那张迷宫一样的网缠绕住，再也挣脱不了了。蜘蛛立即赶来，从容就餐。

有时，会有大个子的昆虫触网，此时蜘蛛就不敢大意了。我曾见到蜘蛛抓到了一只棕色的纺织娘，由于纺织娘腿长力气大，几番挣扎，就把网弄破了。为了不让到嘴的美食跑掉，蜘蛛手忙脚乱，迅速分泌大量蛛丝把纺织娘绕了一圈又一圈，最后几乎把对方裹成了一个白色"木乃伊"。此时纺织娘已经完全无法动弹，蜘蛛这才安心享用夜宵。

蜘蛛捕食纺织娘

蟹蛛这类蜘蛛是不结网的，而是躲藏在叶子旁边或花朵中，专门伏击附近前来的小虫，可谓相当"阴险"。

跟蟹蛛的捕食方式类似，蚰蜒也是暗夜里的昆虫杀手。蚰蜒是蜈蚣的近亲，黄褐色，有毒颚，还有 15 对细长的足，爬行速度很快。万一被捕捉，这些足很容易脱落，以帮助蚰蜒快速脱身，这跟壁虎断尾是一样的道理。蚰蜒喜欢生活在阴湿的地方，白天隐匿，晚上出来捕食小虫。我曾亲眼见到一条蚰蜒在吃一只蟋蟀。

一只微小的蟹蛛抓住了一只小虫

一种比较大型的蟹蛛

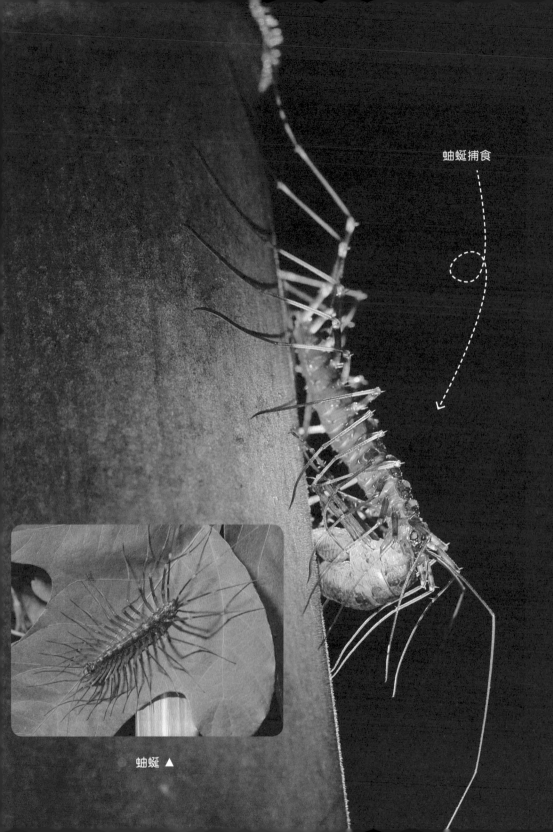

蚰蜒捕食

蚰蜒 ▲

在夜晚的山林，类似的故事有很多，我还拍到过天目臭蛙吞吃盲蛛、灶马（驼螽科的一种昆虫）吃死去的蝉等。

天目臭蛙捕食盲蛛

灶马（驼螽科的一种昆虫）吃死去的蝉

10

夏夜羽化：虫虫的"成虫礼"

蝉是怎么从"掘土"到实现"长起可以与飞鸟匹敌的翅膀"的呢？

六月的傍晚，一场短暂而猛烈的雷雨之后，天气转晴，蝉鸣声声，到处重新喧闹起来。当夜色完全笼罩了大地，屋后的树底下，有个地方的泥土忽然出现了松动。很快，一只有着金色外壳的蝉从地下费劲地钻了出来，身上还带着湿润的泥点，慢慢往前爬。过了一会儿，又一只蝉钻出了地面……它们沿着树干往上爬，有的稍微爬了一段距离就停下了；有的则一直往高处爬，最后来到一片树叶背后，也停了下来。

夏夜的风轻轻吹着，可它们始终一动不动，似乎在等待着什么。是的，这个晚上，将是这些蝉的"高光时刻"：它们在黑暗的地下蛰伏了多年，就为了有朝一日能完成羽化，从此栖息于高枝，自由地歌唱、飞翔。

金蝉夜脱壳

小时候，我在暑假里最爱干的事情之一，就是捕蝉。方法很简单：先自制一个小网兜，把这个网兜用铁丝绑在长竹竿的顶端，然后举着竹竿，循着蝉声去找蝉，发现之后便用网兜扣住即可。

当然，必须做到眼疾手快，否则，非但扣不住蝉，说不定它逃走的时候还会"吓尿"了，滴几滴不明液体在我脸上，那可没趣得很。

念中学时，我读到法布尔《昆虫记》里的那篇《蝉》，文中说：

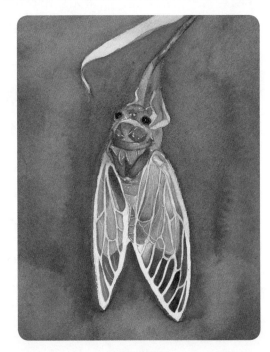

刚羽化的蝉

四年黑暗中的苦工，一个月阳光下的享乐，这就是蝉的生活。我们不应当讨厌它那喧嚣的歌声，因为它掘土四年，现在才能够穿起漂亮的衣服，长起可以与飞鸟匹敌的翅膀，沐浴在温暖的阳光中。什么样的钹声能响亮到足以歌颂它那得来不易的刹那欢愉呢？

　　那么，蝉是怎么从"掘土"到实现"长起可以与飞鸟匹敌的翅膀"的呢？其中必经的一个过程就是"金蝉脱壳"，即完成羽化这个"成虫礼"。我第一次看到蝉的羽化，是在 2012 年 7 月。那时我刚学着去夜拍蛙类，结果无意中在山路边看到一只刚脱壳不久、还挂在壳上的蝉，顿时惊喜不已，蹲下来拍了好久。几年后的又一个 7 月，晚饭后我特意拿着相机与闪光灯在小区里散步，结果一路上竟找到十几只正在羽化的蝉，终于让我得以目睹"金蝉脱壳"的全过程。为了便于大家记住，我想借用三个跟体育有关的动作来描述这一过程。

　　首先，是"倒挂金钩"。即将脱壳的蝉停在树枝上，它的内部躯体实际上在暗暗用力，促使壳的背部首先裂开，然后，裂开处会慢慢鼓起一个绿色的包——这是蝉的背部。蝉像是憋足了气一般继续将背部往外拱，通过一点一滴的努力，背部与头部先出来了。接着，它那尚未伸展的、皱巴巴的翅膀显露了，后腿也逐渐抽出来，最后只留尾部还在壳内。此时，按照法布尔那非常形象的说法，"它表演一种奇怪的体操"。这温润如碧玉的、柔弱的小家伙，整个身体在慢慢往后仰，使头部倒悬于下，呈倒挂金钩状。

其次，是"仰卧起坐"。在身体后仰倒挂时，它那皱成一团的翅膀开始以极慢的速度伸展开来，原本蜷缩的足也在空中轻轻挥舞。过了一会儿，它仿佛在做仰卧起坐一般，尽力向上翻转身体，让自己的前足抓住壳的前端。然后，它奋力抽出留在壳内的尾部，使自己全部身体都脱离了壳。

最后，是"吊挂单杠"。前面两个阶段至少已花掉了大半个小时，到这时，蝉估计已经精疲力竭了。于是，它用娇嫩的前足抓住自己的壳，一直吊挂在那里。不知不觉，它的双翅已经完全舒展成形，呈现出一种极为美丽的蓝色。它要静静地挂在那里好几个小时，随着翅膀慢慢变硬，那美丽的蓝色也随之逐渐褪去，变成褐色。

蝉为什么选择在晚上完成这一蜕变的过程？是因为这是蝉一生中最脆弱的时候，万一被天敌发现，就只能束手待毙。因此，它们只好在夜色的掩护下完成这一过程。当清晨温热的阳光照到它的身上，露水被晒干，它已经足够强壮，振翅飞往树冠了。

（1）
蝉的头和背刚从
壳里钻出来

（2）
蝉尽力往后仰，
把足抽出来，
翅膀开始伸展

（3）
处在"倒挂金钩"
状态下的蝉

（4）

这时的蝉刚完成"仰卧起坐"，接下来准备把尾部也抽出来

（5）

完成"金蝉脱壳"后吊挂在壳上的蝉

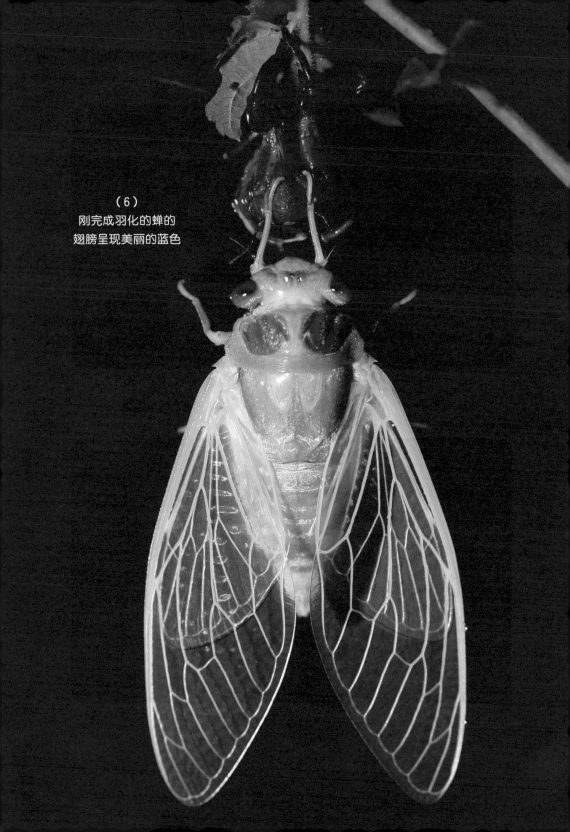

（6）
刚完成羽化的蝉的
翅膀呈现美丽的蓝色

不同的虫虫，不同的羽化

　　那么，究竟什么叫羽化呢？下面让我来说个清楚。在生物学的意义上（同时也是这个词的原本含义），昆虫由蛹化为成虫，或者幼虫完成最后一次蜕皮而变为成虫，这一现象叫羽化。晋代干宝的《搜神记》中那句"木蠹生虫，羽化为蝶"，说的就是这个意思，古人已经观察到蝴蝶是由毛毛虫（经过蛹）变的这一现象了。

　　后来，羽化有了另外一个意思，那就是古人所认为的"羽化飞升"或"羽化登仙"，就像苏东坡《赤壁赋》中云："飘飘乎如遗世独立，羽化而登仙。"无论如何，羽化都有一个最基本的含义，即抛却旧躯壳，实现如蝶变一样的"华丽转身"。

　　这里，我们只讲昆虫的羽化。具体来说，昆虫的羽化分为两类，**其一，是"不完全变态昆虫"的羽化**。这类昆虫的一生经过三个生长发育阶段，分别是受精卵、幼虫（视不同种类，也叫若虫或稚虫）和成虫，最后由幼虫经多次蜕皮后化为成虫。蝉、螽斯、蜻蜓等是这类昆虫的典型代表。**其二，是"完全变态昆虫"的羽化。**

这类昆虫的一生会经过四个生长发育阶段，分别是受精卵、幼虫、蛹和成虫，最后由蛹化为成虫，如蝴蝶、蛾子等都是这一类。

简言之，第一类昆虫没有经过蛹期，而第二类昆虫要经过蛹期。

螽斯、蜻蜓之类的昆虫的羽化过程与蝉大同小异，通常也是在夜间进行。这里我就不再赘述了。下面，先看宽翅纺织娘的羽化过程。宽翅纺织娘属于螽斯科的一种，在国内分布很广。夏夜，无论在山野还是城市，于草木茂盛处都可能听到它们响亮的鸣叫声。古人认为这鸣声类似织布机"轧织、轧织"的声音，故名纺织娘。

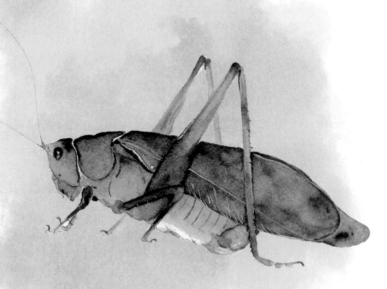

● 宽翅纺织娘

（1）
宽翅纺织娘羽化进行时，呈"倒挂金钩"状

（2）
宽翅纺织娘正努力地做"仰卧起坐"，好让自己的前足抓住壳

（3）
宽翅纺织娘已把腹部从壳中抽出，逐渐展开翅膀

（4）
宽翅纺织娘的翅膀在进一步打开

（5）
完成羽化后的宽翅纺织娘在休息

接下来，再来看一种春蜓的羽化过程。蜻蜓的稚虫名叫水虿（chài），在水里生活，春末夏初的晚上，水虿爬到岸边的石头上或植物的枝叶上，完成羽化过程。

（1）一种春蜓的稚虫爬到岸上准备羽化

（2）处在"倒挂金钩"状态下的春蜓

（3.1）完成"仰卧起坐"，正要抽出腹部

（3.2）完成"仰卧起坐"，正要抽出腹部（从春蜓的背面观察）

（4）抽出腹部的瞬间

（5）翅膀还未展开的春蜓

（6）刚完成羽化的春蜓

（7）完成羽化后试着振翅的春蜓

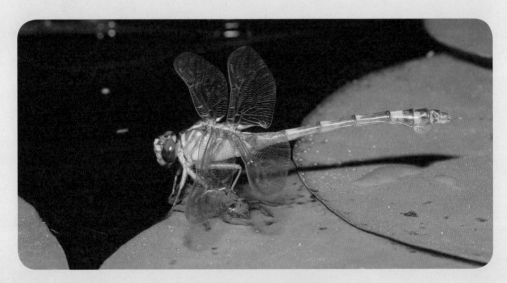

另一种刚完成羽化的春蜓

我没有观察过飞蛾是如何羽化的，倒是多次见到刚羽化的蝴蝶。我注意到，蝴蝶羽化似乎更多是在白天进行，它们从蛹里出来后没多久就可以活动自如，甚至马上开始交尾。如右图所示，一只蓝凤蝶躲在树叶下面完成了羽化，左边是它的蛹。另外，看，刚羽化的苎麻珍蝶就在蛹的旁边开始交尾了。

　　那么，我们该如何寻找并观察昆虫的夜间羽化呢？其实也不难。**首先，要找对时间。**在浙江，蜻蜓的羽化从春末（四五月间）就大量开始了，而蝉的羽化高峰期通常出现在初夏到盛夏（六七月间）。当然，我国幅员广阔，南北气候差异较大，各地的具体情形不尽相同。总之，每年相关昆虫的成虫大量出现时，就是观察它们羽化的合适时间。

　　其次，找对地点。蜻蜓的稚虫是从水里爬到岸上进行羽化的，因此应该到水边去寻找，看岸边的草木、石头上有没有刚爬上来的水虿；而蝉、螽斯之类，只要在植被繁茂处寻找即可。当然，小窍门也是有的，那就是平时常在哪里见到它们，那么晚上就去哪里寻找。

刚羽化的蓝凤蝶，左边是它的蛹

刚羽化的苎麻珍蝶在交尾

知识延伸

羽化后，它们变成了这样

一起看看国内分布较广的常见昆虫的"简明图鉴"（以上文提到过的类型为主），这些昆虫完成"成虫礼"后变成了啥模样。

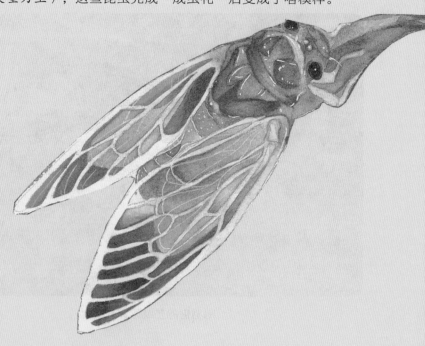

■ 蚱蝉

也叫黑蚱蝉，体长 4~5 厘米，体色几乎全黑。它的叫声单调很多，类似于"钱，钱……"有人说，那是一种"持续而强大的电锯噪声般的"声音，而且经常群蝉共鸣。

■ 蒙古寒蝉

体长 3 厘米左右，背部以绿色为主，杂以黑斑。蒙古寒蝉由于鸣叫声独特，因此在全国各地有各种各样的俗名。北京人就根据其鸣叫声称它为"伏天儿"，很形象。

■ 螗蝉

跟蚱蝉一样属于大型蝉类，雌虫体长近 5 厘米，雄虫不到4 厘米，身体黑色带有绿斑。广布于我国南方的山林中，夏季鸣声很响，叫声为带尾音的"唧……唧唧唧"。

■ **蟪蛄**

是一类小型蝉，国内广布，具体种类有很多，体长才2厘米多一点儿，体色多杂以黄、绿、黑三种颜色，翅上斑纹较多。其雄蝉常发出"滋，滋……"的鸣声。

■ **宽翅纺织娘**

宽翅纺织娘，也叫日本纺织娘，为大型螽斯，体长3~4厘米，头顶较宽，翅很大且宽阔，体色有绿色和棕褐色两种，活动于灌木丛中。

■ **联纹小叶春蜓（雄）**

联纹小叶春蜓，体长超过7厘米，栖息于海拔1000米以下地区的池塘、河流、开阔溪流和沟渠，国内已知分布于黑龙江、吉林、辽宁、北京、河北、安徽、江苏、浙江、福建、广东。

体长约 7 厘米，栖息于海拔 1500 米以下地区的池塘、水库和流速缓慢的溪流，除西北地区外全国广布。

■ 蓝凤蝶（雌）

大型凤蝶，翅黑色，具深蓝色天鹅绒光泽。雄蝶后翅正面前缘有白色斑纹，臀角有弯月形红斑；雌蝶后翅无白色斑纹，而臀角的红色斑纹显著。蓝凤蝶没有尾突，这在凤蝶中是比较少见的。

■ 碧凤蝶（雄）

大型凤蝶，翅展可达 12 厘米左右，在国内分布很广。其双翅底色为黑色，翅面遍布绿色、蓝色亮鳞，全身闪烁着靓丽金属光泽。后翅近外缘处有红色的新月状斑纹。

11

夜虫"时装队"

它的"披风"更为宽大，让它看起来就像是一只张开翅膀的小鸟。

　　我对昆虫不熟，夜探时拍得也不多，但有时也会好好拍摄一种虫，就因为它实在太漂亮或太独特了。是的，有些昆虫简直就像是穿着奇装异服，一旦见到就忍不住多看几眼，并用相机记录下来。现在，有请夜虫"时装队"出场，看看它们各自穿了什么样的靓装。

身穿华丽"披风"的飞蛾

不用说,这个夜虫"时装队"的主角肯定是飞蛾,它们种类繁多、数量庞大,喜欢晚上活动,因此在夜探时遇见的概率很高。有的蛾子不但体形大,而且翅膀的色彩特别华丽,好似一件时髦的披风。最奇特的是,这件"披风"上还常有眼斑,好似飞蛾的背后有一对炯炯有神的眼睛注视着你。

2022年10月14日晚上,我独自到宁波的山里夜探,沿着一条僻静的盘山路慢慢往前走,重点搜索路边的小沟,因为以往的经验告诉我,这样的沟里常会有蛇。果然,没走多久,就看到一条尖吻蝮的幼蛇在游动。当我蹲下来拍摄的时候,这条小蛇顿时很紧张,左冲右突,企图"夺路而逃",一点都没有成年尖吻蝮那种淡定的气概。可惜小沟的两壁对它来说太高了,它只能乖乖待在沟里。我拍了一会儿,偶然抬头,忽见离地约两米高的树枝上有只很大的飞蛾,是我以前从未见过的。我顿时放弃了拍蛇,起身站到高一点儿的地方来拍蛾子。

原来，这是只刚羽化的蛾，正挂在自己的茧上休息呢。它那毛茸茸的外套可真的是又宽大又艳丽：翅展宽度明显超过 10 厘米，跟我的手掌宽度差不多；前后翅的背部色彩有橙、黄、红、褐等，还有鸟羽状的斑纹；前翅近中央的位置还有一对颜色较浅的小眼斑。它的茧呈网状，比家蚕的茧大不少，我以前在山里常见到空的茧，这还是第一次见到成虫。这只蛾子的前翅没有向上充分打开，因此遮住了部分后翅，故看不到后翅上的斑纹特征。它始终一动不动，可能是因为羽化后还需要休息。回家后，我翻昆虫图鉴，方知这是一只银杏珠天蚕蛾（也叫银杏大蚕蛾），在国内大部分地方都有分布。

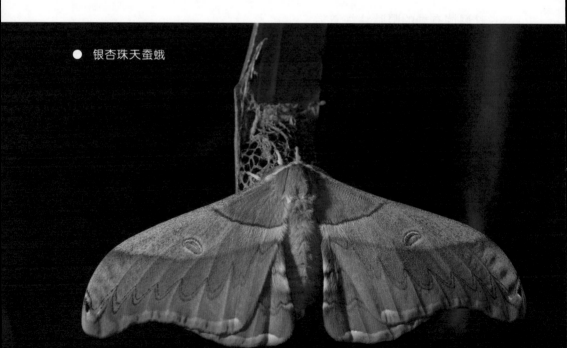

● 银杏珠天蚕蛾

10月22日晚上，我和女儿再去这条山路夜探，正走着，忽见一只大蛾子朝我们飞来，不知何故跌落在地面，趴着不动了。我一看，这不又是银杏珠天蚕蛾吗？跟一周前见到的刚羽化的那只比，它的颜色显得比较浅，全身以黄色为主，而且后翅部分地方已经残破了。幸运的是，它的后翅背部的大眼斑完全显露出来了，真的很像一对大眼睛在瞪着我们。几天后，我的朋友李超告诉我，他在山里拍到了银杏珠天蚕蛾交尾的照片。这说明，这种蛾的成虫的活跃期在宁波可以持续到深秋。

● 银杏珠天蚕蛾

这不是我第一次拍到背后长"眼睛"的飞蛾。前几年，在宁波东钱湖的马山湿地，我见到过一只停歇在树叶上的樗（chū）蚕

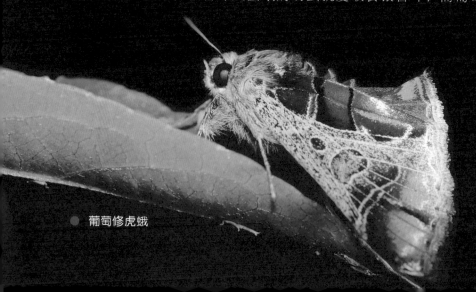

（即樗蚕蛾）。第一眼看去，我真的被惊到了：它的"披风"更为宽大，让它看起来就像是一只张开翅膀的小鸟！如果从侧面看，就更像是一只振翅飞翔的雀鸟了。它的前后翅上共有两对新月状的斑纹，而在前翅的突出部，各有一枚黑色的眼状斑。有人说，这黑色小眼斑使得其前翅尖端看上去像蛇的头部，因此人们将其称为"蛇头蛾"。

● 樗蚕

跟银杏珠天蚕蛾一样，樗蚕也属于天蚕蛾科（也叫大蚕蛾科）。顺便说一下，樗，是臭椿（一种落叶乔木）的古称，樗蚕的幼虫喜以臭椿为食，故得此名。很多蛾子的命名，都跟它们的寄主植物有关。比如，银杏珠天蚕蛾的幼虫就爱取食银杏叶，而葡萄修

● 葡萄修虎蛾

虎蛾的幼虫就喜啃咬葡萄的叶子。后者虽然危害葡萄，不为种植户所喜，但不得不说，其成虫的"外套"看上去还是相当华贵的。

另外，我还拍到过魔目夜蛾、旋目夜蛾、鬼脸天蛾等有特色的蛾子。从魔目、旋目这些名字上，就可以知道它们翅膀上的眼斑是多么明显了。至于鬼脸天蛾也完全是名副其实。有一天晚上我从山上下来，用手电往路边的一棵树上随手一照，突然发现一张小小的"鬼脸"正对着我，当时着实吓了一跳。想来，那对"眼睛"存在的真正意义，并非为了装饰，而是对欲从蛾子背后偷袭的天敌起到恐吓作用吧。

● 魔目夜蛾

● 旋目夜蛾

● 鬼脸天蛾

夜虫之美，值得观赏

在夜探时，另一类飞蛾也引起了我的注意，它们的外衣虽然不是特别抢眼，但它们的吸水行为很有趣。很多蛾子喜欢停栖在水流很缓或者仅仅是被溅湿的石头上，然后用它们的虹吸式口器吸食水分。有意思的是，蛾子一边吸水，一边又从屁股那里把一颗颗晶莹的水珠排了出来。有上述行为的蛾子，我拍到过金星垂耳尺蛾、中国枯叶尺蛾等不少种类。它们都是分布较广、十分常见的蛾子，前

● 金星垂耳尺蛾

● 中国枯叶尺蛾

者的胸部与体侧为鲜明的黄色，而翅膀为白底多黑斑；后者形似黄色的枯叶，晚上被闪光灯一闪，甚至会显得金光闪闪，尤其是前翅上还具有显著的"叶脉"，估计在白天具有较好的保护色。我曾看到碧凤蝶等蝴蝶也有类似的吸水、排水行为。我猜，它们是在通过"过滤"的方式，从溪水中吸收身体所需的微量元素与矿物质吧，正所谓既解口渴又解体渴。

现在，飞蛾"时装队"退到了幕后，接下来欢迎蝴蝶们登场。

蛾子是晚上活跃，而蝴蝶则是白天活动的，因此在夜探的时候看到的各种蝴蝶，都是停在枝叶上睡觉。这里介绍两种在国内分布很广的蝴蝶。其一是柑橘凤蝶。其前后翅以黑色为底，密布白色或黄白色的斑块；后翅各有一列蓝色斑，臀角有一对橙色斑，而前翅有四条放射状线条，可谓特征鲜明，不会被认错。夜晚，一只柑橘凤蝶停歇在枯枝上，来自前方的手电光把枝条的阴影"印"在宽大的蝶翅上，让它看上去更加淡雅、优美，颇有衣袂飘飘的感觉，仙气十足。

● 柑橘凤蝶

其二是柳紫闪蛱蝶。有人说，柳紫闪蛱蝶是"光影魔术师"，在阳光下，其翅膀背面的鳞片会折射出绚丽的紫色，而且会随着光

● 柳紫闪蛱蝶

线的变化而变化。不过在晚上，蝴蝶是收拢翅膀休息的，因此我们只能看到翅膀的腹面，但手电光穿过树叶后所形成的斑驳光影，就像舞台上的特殊光效，同样能带给柳紫闪蛱蝶别样的美丽。

除了蛾子、蝴蝶，夜探时也常能见到蜻蜓目的美丽昆虫（包括各种蜻蜓与豆娘）。在白天见到晓褐蜻的雄虫时就觉得特别漂亮，而在夜探时，那紫红色的身体被灯光一照，更显得气质非凡。运气好的话，在溪边有时会看到美丽的赤基色蟌（cōng）。赤基色蟌是中国体形最大的豆娘，其雄虫绝对算得上是一位穿红色夹克的

● 晓褐蜻（雄）

● 赤基色螅

帅哥，翅膀基部为迷人的宝石红，故得名"赤基"。赤基色螅生活在山区溪流附近，白天它们非常警觉，难以接近，因此拍摄难度较大。到了晚上，它们在溪中石头或溪畔的植物枝叶上休息，就可以凑近好好观赏与拍摄。

说来有趣，我在夜探时还拍到过一种奇怪的昆虫，那就是蝶角蛉。它们的打扮非常有个性，很容易被误认。有一年七月的晚上，我在东钱湖边的灌木丛旁见到一只"蜻蜓"受惊后乱飞，等它停下来的时候再细看，方知那不是蜻蜓，因为其头部有很长的触角。后来我才知道，这是属于蝶角蛉科的昆虫，这类昆虫的触角的末端明显膨大，跟蝴蝶的触角一样，故名蝶角蛉。

● 蝶角蛉

竹节虫也是夜探时常会见到的有趣昆虫。不过，它们可不爱穿炫丽的时装，它们的穿衣风格是朴素再朴素、低调再低调。竹节虫的种类很多，体色也有多种，既有褐色，也有绿色。有的完全像一根枯枝，有的则跟细小的竹枝非常像。它们白天休息，晚上出来觅食。可以想象，当它们白天贴伏在树枝（或竹枝）上的时候，是很难被鸟类等天敌发现的。到了晚上，小鸟也睡觉了，为了寻找食物，竹节虫就在夜色的掩护下放弃了伪装，大大方方出来活动了。

● 竹节虫

● 竹节虫

12

萤火虫之夜

见过再多的照片，也抵不上一只真实的萤火虫在身边忽近忽远地飞，突然停在手上两秒的感觉。

在我的青少年时期，每年夏夜几乎都有萤火虫相伴，因而觉得这种会发光的小飞虫实在是很平常的东西。后来，上大学了，工作了，一眨眼好多年过去。在爱上自然摄影之后，我忽然在某一天想：咦，这萤火虫怎么很久很久没见了？

于是，我决心去寻找萤火虫。这过程并不顺利，可以说是"屡败屡战"，经过四五年才如愿以偿。在这里和大家分享一下我的"寻萤记"。同时我深深觉得，在自然探索中，发现才是最大的乐趣。

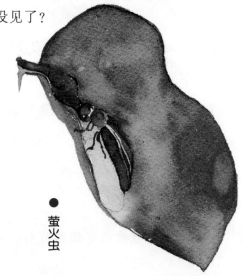

● 萤火虫

少年时的满屋"星光"

说起萤火虫，现在的孩子恐怕极少有人亲眼见过，但相信一定有很多人读过关于萤火虫的古诗，比如唐朝杜牧的这一首著名的《秋夕》：

> 银烛秋光冷画屏，轻罗小扇扑流萤。
>
> 天阶夜色凉如水，卧看牵牛织女星。

是啊，古往今来，夏秋之夕，那点点萤火，不知承载了多少人的童年记忆，引发了多少人的诗情！

其实，萤火虫最早在中国古典诗歌中"亮相"，乃是在《诗经》中，而且其所代表的意象与家园密切相关。《诗经·豳（bīn）风·东山》是一首感人的抒情诗，说的是出征三年的男子终于踏上还乡之旅，一路上细雨蒙蒙，令他加倍思念荒芜的家园。诗中有云：

> 町畽鹿场，熠燿宵行。不可畏也，伊可怀也。

町畽（tǐng tuǎn），是指田舍旁空地，禽兽践踏的地方；熠耀（yì yào），耀同耀，光亮、鲜明的意思。故上面诗句的大意是：野鹿在屋旁空地上奔走，点点萤火在漆黑的夜空中闪烁。这一切并不令人害怕，反而令人思念，因为这是我的家园。

　　对于我来说，萤火虫和家园也有着密不可分的联系。我老家在浙江海宁农村。小时候，屋外不远处就是稻田，每到春夏之际，水田里的蛙鸣声此起彼伏。每当夜晚来临，就不知从哪里冒出好多萤火虫来，提着忽闪忽闪的小灯笼，在我家门前的小路上闲逛。而最神奇的事发生在我十几岁时，那时我和妹妹都还在读中学。暑假的某个晚上，我和妹妹关了灯，趴在阳台栏杆上聊天。忽然，眼前的夜空中，出现了越来越多的光点，竟然是萤火虫！它们越飞越近，最后竟进入了室内，就像无数小星星，在黑暗的客厅中闪烁，我们简直看呆了。也不知过了多久，这些不请自来的小星星才慢慢散去。

　　少年时代的美好记忆一直萦绕在心中。到我三十多岁的时候，就忽然起了一个念头：一定要再去野外亲身体验一下萤火闪烁之美。可问题是：到哪儿找萤火虫呢？

　　2012年夏天，也就是我刚开始夜拍的那一年，听说四明山里一个名叫狮丰村的小山村附近有萤火虫，我便壮着胆子独自去夜探。结果，萤火虫的确是看到了，但由于数量太少，拍出来的照片

●
萤
火
虫

很不理想。这倒也算了，关键是那天晚上心里实在是怕得很，乃至于一阵风吹过竹林，所发出的簌簌声都让我毛骨悚然。

在接下来的三四年间，尽管我早已克服了对黑暗的恐惧，可依旧没有找到数量较多的萤火虫。转眼到了 2016 年夏天，朋友小姚说，他在杭州以西的桐庐县的山中见过好多萤火虫。于是，我带着家人，冒着大暴雨，驱车赶到 250 多千米外的桐庐，与朋友们会合，一起进山寻找萤火虫。可惜，还是失望而返。

转机终于出现

从桐庐回来后，我还是不死心，决心继续在宁波本地寻找。2016 年 7 月，我偶尔获知，宁波郊外有个水库附近有萤火虫。我和女儿赶紧去找。那里属于半湿地环境，比较荒凉，还有一幢被我们称为"鬼屋"的废弃破房子。我运气很好，果然在那里发现了不少萤火虫。同时，这也是我人生第一次拍到了还算满意的萤火虫照片，准确地说，是萤火虫飞行轨迹的照片。但可惜的是，2017 年夏天我再去，却发现附近多了很多路灯，把那附近的农田、小河等都照亮了，于是，那里的萤火虫基本消失了。

我很苦恼，心里一直在思考：今后该去什么样的地方找呢？换句话说，到底什么样的地方才适合萤火虫栖息呢？资料上说，萤火虫分陆栖型和水栖型两大类，不管哪一类，都对繁茂的草木与洁净的水体有较大依赖性，因此萤火虫被称为环境质量的指示物种之一。萤火虫靠发出微弱的光来求偶，因此，要想找到数量较多的萤火虫，除了原生态环境足够好，还必须保证那个地方在晚上"足够黑"。也就是说，萤火虫在有水污染、光污染的地方都是没法生存的。

那么，照此推论，夜晚的山区溪流附近，其自然条件应该是符合萤火虫的栖息条件的，但为什么我多年夜探下来却没啥发现呢？我曾对此百思不得其解。好在功夫不负有心人，转机终于在2017年夏天出现了。那年七月底，有个朋友告诉我，在四明山的一个小水库旁有不少萤火虫。于是，那天晚上，我便出发去那里找萤火虫。但是在黑暗中转了半天，我却连一只萤火虫都没看到，当时真的十分沮丧，想哭的心都有。我出山后在一座寺庙前碰到一位村民，他见我夜晚独自在山里瞎转，十分惊愕，后来听我说明了意图，他笑着随口说了一句："在种丝瓜的地里，经常可以看到萤火虫。"

一语点醒梦中人，我恍然大悟：他说得对！萤火虫的幼虫喜欢吃蜗牛，因此在条件合适的农用地里反而更可能发现数量较多的萤火虫！道理很简单，采用自然种植法的菜地里的蜗牛密度应该远高于纯野外环境。看来，无论做啥事，勤奋固然是必需的，但有时候也需要换个角度思考一下，或许会有奇效。

且说那天晚上，听了村民无意中说出的那句话，我马上想到，在靠近山顶的地方，有一个古村，目前居民很少，路灯不多，不如去那村边的菜地找找？我当即驱车上山，到村口停下。这里清凉而安静，路边有几盏昏黄的路灯，但光线很弱，灯的间隔也远，因此大部分地方都处在黑暗中。我身边，除了小溪潺潺的声音，就是时断时续的蛙鸣声。我随便走走便发现，路边的菜地、灌木丛、竹林等处，到处都有萤火虫！它们发出忽明忽暗的黄绿色光，自由自在地飞行在温柔的夜色里。后来，我还见到了萤火虫的幼虫，幼虫与成虫长得完全不一样，但也会发光，通常是绿光。

● 萤火虫幼虫

古村旁菜地附近的萤火虫

流光飞舞惹人醉

　　俗话说"好事成双"，那一年，幸福居然接踵而至。2017年10月初，我的一个朋友特意带我去她老家看萤火虫。此前，我真没想到在本地的秋夜里还能看到那么多萤火虫。那天晚上真的让我又惊又喜，因为，我们在村外的田野里见到了无数的萤火虫，而且这里的萤火虫显然与我以前所见的不是同一个种类。原先几次，我所见的萤火虫都是发黄绿色的光，而且以一明一暗闪烁发光为主，而此地的萤火虫，则几乎都是持续发绿光，因此在田野上空形成一道道相当明亮的绿色光迹。我在宁波寻找多年，终于在2017年接连享受到极美的"萤火虫之夜"，心里是满满的幸福。

　　此后几年的夏天，仿佛是赶赴一个美丽的约会，我每年都会到野外欣赏萤火虫的流光飞舞之美。去的次数最多的，是四明山的那个古村。后来，我还曾带队到那里赏萤火虫。我们看到，萤火虫有的在慢慢飞，有的则停栖在草叶上一闪一闪。静静地站在暗夜中，点着"小灯笼"的萤火虫居然会一闪一闪飞到眼前来，好像在朝我们眨眼睛打招呼，这种感觉非常奇妙。

带队夜观萤火虫时，有一件事令我印象非常深刻。那天晚上，原本天上的云很多，看不到星空，不久之后云层散去，偶一抬头，居然看到繁星闪烁。当时，有个小女孩就在我身边，忽然说了句："星星变多了，是萤火虫飞到天上去了吧？"

当时我很感动，跟大家说："这就是诗啊！"

别说孩子，就连大人们都成了出口成章的诗人。那天活动结束后，好几位家长在朋友圈中发了赏萤火虫的"感言"。

有人说："多年没见过那么多萤火虫了，短短几百米路，小精灵频频闪现，大人都陶醉在童年记忆里了……"

有人说："仿佛误入了另外一个世界。见过再多的照片，也抵不上一只真实的萤火虫在身边忽近忽远地飞，突然停在手上两秒的感觉。"

还有人说："小时候的夏夜，萤火虫也是遍地飞舞的，夜夜都在，陪伴了我整个童年。那时候不觉得有什么特别，直到现在，因为失去，所以寻觅。"

这，就是大自然的魅力。

溪边的萤火虫所发出的密密的光点

100 多张照片合成的萤火虫飞行轨迹，
其中天空部分则是星星的移动轨迹

萤火虫的飞行轨迹

13

螳螂"中蛊"之谜

生命的无奈、不屈、坚强与伟大，都浓缩于那只久久地、苦苦地与铁线虫、激流相抗争的广斧螳身上。

2022年11月的某日，我在刷朋友圈时忽然看到有个朋友发图并配文说：螳螂捕鱼不成，反被水蛇咬死。可惜没有拍视频。我顿时大吃一惊，心想：啊，这螳螂是逆天了吗？不仅能上树捕蝉，如今居然还会下水捕鱼？

我赶紧点开那两张图，一看就笑得前仰后合。第一张图显示，一只广斧螳漂浮在有水草的水面上，一对伸出的前足如划水游泳状，巧的是，它的头与足的正前方，刚好有条小鱼摆尾游动——这就是所谓的"螳螂捕鱼"。第二张图显示，那只广斧螳的姿态依旧如第一张图，但前方小鱼不见了，而螳螂屁股后面拖着一条如黑色小蛇一样的东西——这就是所谓的"反被水蛇咬死"。

我在那条朋友圈图文下面留言：这不是螳螂被水蛇咬死，而是它被铁线虫寄生了，因此被驱使着投水而死。不过，这还真不能笑话我那朋友，我相信绝大多数人并不了解螳螂被铁线虫寄生的事儿。在这里，我就和大家聊聊。

● 广斧螳

秋探溪流，发现螳螂大量死亡

2022 年 10 月与 11 月，我出门夜探的次数比往年同期多得多，想看看秋天的晚上还能在野外遇见哪些小动物，与夏天所见有什么区别。在昆虫方面，我发现了一个特点，那就是溪流中被铁线虫寄生的螳螂特别多，其中又以死亡个体居多。读吴超编著的《螳螂的自然史》，我看到这么一句话："在华东和华北，螳螂和铁线虫常常在秋季成熟，这时候气温已经较低，螳螂更可能因为失温而难以离开水体，因此更容易被淹死。"

2022 年 10 月 2 日晚上，我到宁波东吴镇云顶山下的溪流中夜探。我看到不少螳螂漂在水面上，还看到有螳螂在溪边徘徊。而最令我有惊恐之感的，则是发现十几只螳螂的尸体汇集在一个拦水坝的角落里。

次日晚上，我和朋友李超一起到四明山的清源溪夜探，也看到好几只螳螂在急流旁行走，意欲入水，哪怕被水打湿了也毫不退缩。后来，当我们溯溪而上，看到了让人惊讶不已的一幕：一只绿

深夜，螳螂徘徊在溪流边

漂浮在水面上的中华大刀螳

色的广斧螳竖立在一个微型瀑布里，它的足不可思议地紧紧抓住了石壁，任凭湍急的水流不停地从它身上冲刷而过，把它打得东摇西晃，但始终没能将它冲走。

深夜急流中的广斧螳

当时，我问李超："你说，这螳螂是死了还是还活着？"李超回答不出来。稍后，我无意中走到了这个微型瀑布的上面，高帮雨靴恰好把水流给截住了。此时，我忽然看到，那只广斧螳是活的！而且，它也似乎对水流的突然停止感到有点儿惊讶，居然做出了一个用嘴吮吸前足的动作，就像是要把水弄干一样。然后，它又把一对前足折叠在胸前，并侧头向旁边观察，那模样甚至有点儿"娇媚"。当我把脚抬起，水流又哗哗流淌起来，螳螂再次被奔腾的水花所吞没。我在心里叹气，没错，这也是一只被铁线虫寄生了的可怜的螳螂，我无法改变它的命运。

当水流突然停止，这只广斧螳似在去除前足上的水分

当水流突然停止，这只广斧螳做出了这么一个奇怪的动作

2022 年 11 月 12 日夜间，我和女儿到宁波塘溪镇（著名生物学家童第周的家乡）的山区溪流中夜拍，看到一只在溪石的边缘行走的棕静螳忽然掉入了水中。我把它捞起来，重新放到石头上，没想到几秒钟之后，它又落水了，这回我看清楚了，它是主动投水的。我再次把它捞起来，果然，它毫不犹豫地跃入了水中。这回，我不再帮它了，只是在心里说了一句：唉，各依天命吧！这是我第一次看到被铁线虫感染的棕静螳，以前所见，以广斧螳（以及其他斧螳属的螳螂，如中华斧螳）占绝大多数，其次是中华大刀螳。

自己跃入水中的棕静螳

螳螂"中蛊"之谜

  那么，螳螂是为何又如何被铁线虫感染的？为了尽可能解开这些谜团，2022 年秋天，我特意在白天多次去山区溪流观察。

  有一次，我来到四明山的中坡山森林公园，沿着溪畔的小路一直往上游走，中途看到溪边有平坦的大石头，就想过去坐下休息一下。我走到石头上，放下摄影包，便习惯性地往周边扫视了一圈，不看不打紧，一看有点儿吃惊：在区区几平方米范围内，至少有六七只螳螂在水边徘徊；还有两只螳螂漂浮在水中，已经死了。我知道，它们都是被铁线虫寄生的可怜虫——就是像被下了传说中的蛊一样，会不由自主地走到水边，然后鬼使神差地"主动"投水而亡。我以前多次见过这个场景，但一般都是看到一只螳螂，从未一次见到这么多螳螂在溪边投水而亡。

  于是，我开始仔细观察这些螳螂的行为。

  一只螳螂慢慢走到水边，略做停顿，便走入水中，低头入水，将自己的大半个身子都浸在了水下。过了一会儿，它又转身出水，

钻入水中的螳螂

在岸边发呆。不久之后，它再次步入水中。

　　另一只螳螂站在岩石的高处，身子轻轻摇晃，忽然间，它竟振翅起飞，然后如跳崖般直坠入水，急流随即将它冲走。我的目光跟随着它，但见在一个水流的拐弯处，它像是忽然惊醒了一般，奋力振翅，企图从水中逃离。幸好那地方水很浅，它成功了，浑身湿淋淋地站在岸上，一副失魂落魄的样子。

　　还有一只螳螂从上游漂来，一动不动，我以为它已经死了。然而，当它的身子触碰到平坦的石岸时，它居然动了起来，接着还走上了岸。

准备投水的螳螂

　　无论上面哪一种情况，这些早已神志不清的螳螂通常都不会摆脱最终死于水中的命运。没办法，控制它们行动的不是它们自身，而是铁线虫。按照书上所说，螳螂入水后，铁线虫会马上从其腹部末端钻出来，但奇怪的是，我在现场观察了很久，竟都没有目睹这一现象。我同情它们，但无法出手救活现场的任何一只螳螂。因为，这是相生相克的自然规律，人类无能为力。

　　尽管如此，接下来我还是见到了令人震撼的一幕：

一只投水的广斧螳被溪流裹挟着快速冲往下游，它无力挣扎，似乎已完全听命于残酷命运的安排。然而，就在它被冲下一个微型瀑布的瞬间，强烈的求生欲突然"激活"了这绿色的虫子，只见它挥出右前足（即螳螂右边的捕捉足，用于捕食猎物，足上多锯齿），竟牢牢地钩住了看上去非常湿滑的石壁。就这样，任凭奔腾的水流不停地击打在它身上，水花四溅，它始终依靠单足，牢牢地"钉"在原处。这跟夜间在清源溪所见的场景一模一样。

我惊呆了。眼前的场景，仿佛是电影中的惊险镜头：一个人单手抓住悬崖的边沿，努力使自己不坠落，而此时，急流又涌来……

十几分钟之后，这只勇猛的螳螂终于体力不支，被水冲走，转眼不见了踪影。

在激流中苦苦坚持的广斧螳

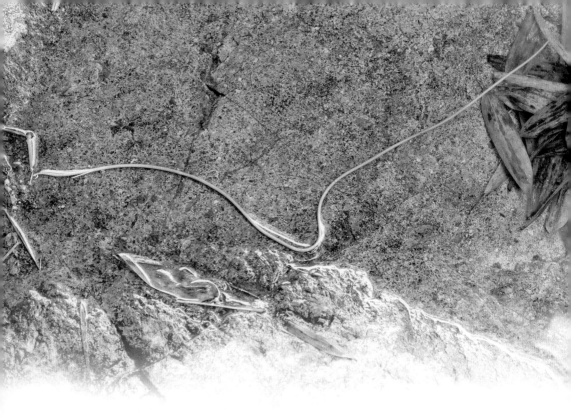

● 铁线虫

　　生命的无奈、不屈、坚强与伟大，都浓缩于那只久久地、苦苦地与铁线虫、激流相抗争的广斧螳身上。最终的命运或许无法改变，但不管如何，它已经尽最大努力争取过了——出于生存的本能，也体现了生命的尊严。

　　当然，最后也得说说清楚：一向以凶猛著称的螳螂，又怎么会俯首听命于铁线虫的驱使呢？简单说来就是以下几个步骤：一、一些昆虫在阴湿地方活动时，被铁线虫那极微小的幼虫钻入体内，成为中间宿主；二、螳螂捕食了已被铁线虫寄生的昆虫，从而也成为铁线虫的下一个宿主，铁线虫的幼虫在螳螂体内不断长大；三、铁线虫在螳螂腹内长为成虫后，通过一种迄今尚未明了的神秘机制驱使着螳螂投水，好使自己回到水中进行繁殖；四、铁线虫成虫从螳螂身体里钻出来，迅速游走，寻找异性进行交配，然后产卵，进入下一个寄生的轮回……

这么说来，好像铁线虫非常邪恶、恐怖，但我不恨铁线虫，就像前面说过的，这只是万物相生相克的一环而已。尊重自然，敬畏生命，才是我们作为人类应有的态度。

这只螳螂身下的水中全是铁线虫

14

夜探遇"袭"记

谁知这家伙不识好人心，竟然下狠劲在我手指上咬了一口，还真有点儿刺疼。

常有人问我：你一个人到山里去夜拍，难道不怕吗？没有受到过伤害吗？是的，夜间独自行走于深山溪流畔或古道上，说一点儿都不害怕，那是不可能的。但夜探多年，有赖于我的小心谨慎，因此所幸还没有遇到过真正的危险（最多是有惊无险）。不过，这里倒是有两件小小的趣事值得分享，那就是有两种昆虫曾经"袭击"过我，虽说没有造成任何伤害，但当时也被弄得颇为狼狈。这两种昆虫，一是箭环蝶，二是碧伟蜓。

箭环蝶不停"扑打"我

几年前，我写过一篇《夜拍囧事》的文章。在这篇文章中，我讲述了自己刚开始夜探自然时，那种对暗夜山林的畏惧心理。

2012 年夏天，我刚开始学着拍摄两栖爬行动物，每次在溪畔或山路边蹲下来拍摄的时候，心中常疑神疑鬼，总觉得背后有种说不出的异样感，就好像被某种不明之物在暗中窥视似的。为了消除这种窘迫感，我灵机一动，想出了一个"手电反向照射"的妙招：多准备一支高亮手电，将其打开后

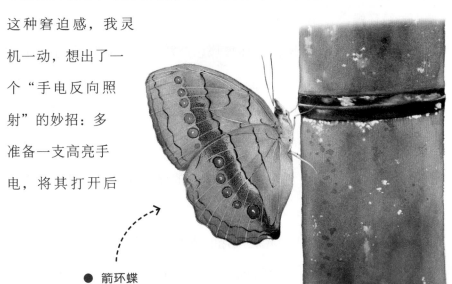

● 箭环蝶

反向放在身后，使其照亮身后，驱散黑暗。说也奇怪，如此一来，我终于可以安心拍照，而不再顾忌身后莫名的"恐怖之物"了。

后来我胆子渐大，夜间在山里开始行走自如了，既没有遇到过野兽（在我所在的宁波地区，除了野猪，没有什么可以伤害到人的兽类），鬼怪更是无稽之谈。我只要提防毒蛇，其他可以无忧。但没有想到的是，有个夏夜，竟然有一只箭环蝶狠狠"教训"了我。那天晚上，我在四明山上的竹林里拍摄"金蝉脱壳"。当时，一只蝉停在毛竹上，大半个身子已经从壳里出来，正处于头下脚上的"倒挂金钩"状态。我蹲下身来，开始尝试以各种角度拍摄。忽然，一个黄色的东西如风中乱飘的枯叶，不停地撞到我身上。起初我还以为是一只趋光的大型飞蛾，仔细一看，才发现那竟是一只蝴蝶——箭环蝶。

箭环蝶，属于蛱蝶科箭环蝶属，广泛分布在中国南方。这是一种大型蝴蝶，翅展宽度可达10厘米以上，至少有我的手掌那么大。我拍到过一张照片，是箭环蝶和连纹黛眼蝶在一起吸食，后者是体形中等的蝴蝶，从对比可以看出箭环蝶有多么大。箭环蝶喜欢栖息于竹林中，白天常可见到它在幽暗的绿竹林中扑扇着黄色的大翅膀飞来飞去，特别引人注目。在云南某些地方，有时会出现成千上万的箭环蝶集中羽化、扎堆飞翔的盛况，非常壮观。

不过，跟很多蛾子一样，箭环蝶也具有趋光性。因此当我在竹

箭环蝶与连纹黛眼蝶（右）大小对比

林里夜拍时，便无意中引来了一只原本在附近休息的箭环蝶。它前后左右乱飞，重点"攻击"我的头部（*我戴着头灯*）。有时，在撞击之后，它身上的鳞片也随之掉落，竟飞到我的鼻孔里来，弄得我痒痒的，十分难受。我胡乱挥着手，企图赶跑这只胡搅蛮缠的大蝴蝶，但一切都是徒劳，因为它"目中无人"，只知道朝着光乱飞。

后来，它或许是累了，总算有那么一会儿，停在了蝉的下方，不再搞事了。这时，我才得以布置一个离机闪光灯，用侧逆光来拍摄。闪光穿透了蝴蝶的双翅，鲜明地显露出了翅膀边缘那一圈锁簇状黑斑（*也很像小鱼图案*），而这，正是箭环蝶名字的由来。

箭环蝶与金蝉脱壳

吵醒了碧伟蜓，后果很严重

　　英语有句谚语："Let sleeping dogs lie."直译就是"让睡觉的狗躺着"或"别吵醒了睡觉的狗"，言下之意就是"别惹是生非、自找麻烦"。不要惹怒狗，以免招来麻烦，这好理解。但事实证明，正在睡觉的狗固然惹不得，就连正在休息的蝴蝶与蜻蜓有时也不是那么好惹的。蝴蝶的故事上文已经讲了，接下来讲讲我挨蜻蜓一顿"揍"的糗事，那后果啊，也很严重。

　　2022年9月底的一个晚上，我一时兴起，决定去宁波市区的日湖公园夜探。那天深夜，我戴着头灯，拿着手电与相机，走在公园北端林中湿地的岸边，沿路寻找拍摄目标。身边有一只螽斯在轻轻地吟唱："吱嗒，吱嗒……"声音十分清澈、悦耳。这种虫鸣声我以前常听到，但从未亲眼见到过那位躲在草丛中吟唱的小歌手。于是，我用手电仔细搜寻。啊，看到了，它停在美人蕉宽大的叶子上，还在唱个不停呢！它的样子，很像另一种常见鸣虫纺织娘，但体形却比后者明显小一号。两者的鸣声也完全不一样，它的声音比较空灵，而纺织娘的鸣声在我听来太嘈杂了些。

　　我向前走了一步，靠近拍摄这只鸣虫。这时，耳边忽然传来一阵翅膀乱扑的声音，我感觉到一个毛刺刺的小东西撞到了我头上。接着，我看到它往下掉，直接跌落在浅水处。我定睛一看，竟然是一只雄性的碧伟蜓。这里介绍一下，这是一种在国内广泛分布的常见大型蜻蜓，其雄性的领地意识与战斗力都非常强，它们白天常在水面上空巡飞，驱逐其他蜻蜓。此前，我曾在河沟旁看到一只特别霸道的碧伟蜓，当时它在河沟入口处的上空不停绕飞，像是个守门的凶神。有一只斑丽翅蜻几次企图靠近，想进入水草丰茂的河沟，但都被个大体壮的碧伟蜓毫不留情地赶走了。

碧伟蜓在水面上空巡飞

不过，那天晚上，那只碧伟蜓却颇为狼狈，只见它四脚朝天，啊不，应该是六脚朝天（昆虫是六足的）仰躺在水面上，拼命扑腾，却无力翻身。显然，它原本挂在叶子上睡觉，结果被我无意中碰到了，然后稀里糊涂掉到了水中。我于心不忍，就弯腰将它抓住，想把它放飞。谁知这家伙不识好人心，竟然下狠劲在我手指上咬了一口，还真有点儿刺疼！我下意识地一甩手，就又把它扔地上，它摔了个倒栽葱。

碧伟蜓刚刚咬了我手指一口

这下我彻底把它激怒了，也可能是雪亮的头灯把它搞得神志不清了，总之它开始疯狂地展开攻击，一遍又一遍地撞击我，甚至扑到我的眼镜上停着，这简直就是典型的"蹬鼻子上脸"了，非但不感谢我把它从水中救上来，还要趁势攻击。

碧伟蜓撞到我头部，停在眼镜旁

我拼命挥手，想把它赶走，但都白费功夫。这只碧伟蜓始终围着我乱兜圈，一会儿停在我的裤腿上，一会儿抓住我的手指，一会儿撞我的脸，弄得我全无抵挡之力。其中又有好几次，它跌落在地面，仰天打转，几只脚朝上乱舞，像足了一个没被满足要求而躺在地上耍赖的小孩。

就这样，我被它折腾了起码20分钟。当然，我也没有放过这难得的机会，尽力招架之余，也给这只不依不饶、敢于战斗的碧伟蜓拍了一些照片。最后，估计它实在是筋疲力尽了，忽然间飞走了，就近停在旁边的再力花上，再也不动弹了。

就像前文所说，由于飞蛾（或某些蝴蝶）有趋光性，因此被它们扑到脸上，这实属正常。但蜻蜓应该不会有趋光性啊！那这只碧伟蜓为何会扑击我那么久？难道真的是在驱逐我？这实在令人不解。

不过，另外一个小问题在我回家后不久就解决了，也就是一开始发现的那种鸣虫的名字被确认了，它叫"素色似织螽"，是属于螽斯科似织螽属的一种本地常见鸣虫。织螽，就是纺织娘，而"似织螽"自然就是"长得像纺织娘的螽斯"的意思。

● 素色似织螽

碧伟蜓累了之后停在再力花上

15

遗憾之旅

通常先有大的遗憾，才会有大的惊喜在前方等着。难道不是吗？

看过我的《神奇鸟类在哪里》一书的读者，想必会记得书中有一篇题为《坐拥万鱼户》的文章，说的是这么一件事儿：2015 年 11 月底，我驱车四百多千米，特意从浙东的宁波赶到浙西南的丽水市山区，原想一举两得，先拍国家一级保护动物东方白鹳，然后晚上去高山上拍绰号"胡子蛙"的崇安髭（zī）蟾。谁知人算不如天算，那次"长途奔袭"竟然是"一举两不得"，只拍到了崇安髭蟾的蝌蚪，失望而返。

那一回，算得上是一次"经典"的遗憾之旅。从事自然摄影多年，类似的故事经常发生，原本不足为奇，不过，还是有两件事一直让我有点儿难以释怀，它们跟两种小动物有关：一是白头蝰，二是华南兔。下面我就来详细说说。

多年苦寻白头蝰不遇

　　近些年，有一种蛇，在国内只要一被发现，就会被新闻媒体争相报道，那就是长相奇特、行踪神秘的白头蝰。至今我还清楚地记得，我第一次在报纸上看到关于宁波境内出现白头蝰的报道，是在 2013 年。那年 6 月 19 日清晨，市民应先生在余姚市大隐镇的山脚下，看到了一条"怪蛇"，该蛇最具有辨识度的特征就是：略呈三角形的蛇头为白色。有报道引用应先生的话说：它通体是黑褐色的，皮上有好多圈橙色的条纹，颜色非常鲜艳。最恐怖的是蛇头，远远望过去像个骷髅，阴森森的。这就是普通人见到白头蝰之后的心理写照。确实，以前大家从来没有见到过白头的蛇，故难免会产生诡异之感。

● 白头蝰　王聿凡 摄

● 白头蝰 王聿凡 摄

　　还有些报道有意无意地夸大了白头蝰的毒性和稀有性，弄得大家对这种蛇既恐惧又好奇。其实，白头蝰并不可怕，也算不上罕见。那么它到底是怎样一种蛇呢？首先，白头蝰在国内分布很广，从西南到华东，乃至西北的部分地区均有分布。不过，由于其种群数量少，加上它们又喜欢夜间活动，故遇见的概率很低。其次，在中国的众多剧毒蛇中，白头蝰的毒性并不出众，只能算中等。尽管如此，白头蝰还是很独特的，它属于蝰科中古老的原始类群，且是单属独种（即蝰科白头蝰属下面只有白头蝰这一个物种），因此其在管牙类毒蛇的起源与演化的研究中占有重要地位。

另外，白头蝰进入冬眠的时间可能比较晚。我注意到有报道称，2016 年 11 月 16 日晚，有人在宁波奉化区黄夹岙村发现一条白头蝰。多年来，我在夜探过程中特别留意在路边寻找白头蝰，甚至在深秋的晚上也出门去找，但迄今为止还是无缘在野外见到这种蛇，准确地说，是这种蛇的活体。

　　2022 年 10 月中旬，朋友王聿凡告诉我在四明山里某个地方有寒露林蛙，因此我特意去找，果然毫不费力就找到了这种蛙。后来我一看地图，发现这个地方就位于曾出现过白头蝰的大隐镇的隔壁（也就是同一座山的东西两侧），我心中一动，决定多去那里几趟，找找白头蝰。10 月 21 日上午，我和女儿去那里看地形，为夜探做准备。那天我们正沿着山路往下走，望见前方路面上有一条被碾死的小蛇，隐约看到它身上有暗红的条纹，当时我还以为是一条赤链蛇。走近低头细瞧，我忍不住惊叫了起来："白头蝰！居然是白头蝰！"我女儿也大吃一惊，急急忙忙跑过来看。是的，如假包换，眼前就是一条白头蝰，可惜已经被路过的车子碾死了。而且，从血肉的新鲜程度来判断，它应该就是在前一天的夜里或当天的清晨被"路杀"的，真的十分令人心痛。

　　"它好小啊！好可怜！"女儿说。

　　是的，这条白头蝰比我们想象中的样子小很多，它看上去应该已经属于成体，但体长估计只有 30 厘米出头，比资料上介绍的

被车轮碾死的白头蝰

"白头蝰体长通常为 50~60 厘米"还短。

我马上用手机拍了照片，发给朋友李超（他多年来也一直在寻找白头蝰），他也很兴奋。于是，当天晚上，我就和李超一起来此夜探，可惜直到半夜，我们也没有见到白头蝰的影踪。后来，我和女儿也曾到多个地方夜寻白头蝰，但均未如愿。不过，在这一过程中，我们也不是毫无收获，比如，我第一次发现，原来在立冬后的夜里，还能在宁波的山里找到少量棘胸蛙，还能看到武夷湍蛙在捕食，还能见到躲在水底落叶下的中华蟾蜍，甚至连死后漂在溪流中的连纹黛眼蝶也是那么美……

武夷湍蛙刚吞食了一条毛毛虫

中华蟾蜍躲在水中落叶下

深秋，漂在溪流中的连纹黛眼蝶

华南兔在眼前"跳舞"

比起白头蝰来，我寻找华南兔的运气要好上那么一丁点儿，不管怎么说，我好歹看到了活的，而且不止一次。华南兔，就是在中国南方广为分布的野兔，原本数量很多，但近些年由于栖息地减少，再加上遭受长期非法捕猎，使得华南兔在很多地方变得难得一见。

说起野兔，难免会令人想起守株待兔这个成语。它的典故出自《韩非子·五蠹（dù）》：

宋人有耕者。田中有株，兔走触株，折颈而死。因释其耒而守株，冀复得兔。兔不可复得，而身为宋国笑。

大致意思是说，宋国有个耕田的人，见到一只奔窜的野兔撞树根而死，于是他不再干活，傻傻守在那里，以期再白捡一只野兔。当然，我们在这里不讨论这个寓言的含义，而是来看看野兔的习性。寓言里说的野兔未必是华南兔，但其习性却与华南兔无异。华南兔在白天和夜里都会活动觅食，不过白天都躲在灌木丛或高草丛中，当有人走来时，它仗着自己的保护色先是一动不动，等人走得很近了，它才突然飞奔逃窜，速度极快，有时慌不择路，乃至撞到什么东西也是有可能的。

我第一次在野外见到华南兔，是在多年前的初夏，那天夜里我独自到山里拍雨蛙。车子行驶在山脚的小路上，周边是一片荒草地，忽见一只野兔从路边跳出来，被雪亮的车灯照得清清楚楚。只见它在前面蹦蹦跳跳，一拐弯就不见了踪影。我赶紧停车，拿着手电仔细搜索，但没有找到。

第二次见到，则是在 2022 年 6 月。那晚，我和妻子驱车到四明山里的一个古村看萤火虫，下山的时候我开得很慢，注意观察路面上有没有蛇。到了半山腰，一个小动物忽然从车头左前方的路边的灌木丛里跳了出来，落在路面上。"华南兔！"我低呼了一声。这小家伙似乎也有点儿不知所措，估计它没有想到自己会突然暴露在汽车的灯光下。于是，但见它一个劲地跳着往前跑，不走直线，而是以 S 形前进，速度也不是很快。我在开车，不可能拿相机拍照，只好以更慢的速度尾随着兔子。神奇的是，明明盘山公路的两边都是茂密的树丛，它却不往那里钻，而始终不急不慢地在公路上跳跃着向前，有时还蹦得老高，就像一个在随性跳舞的小孩子。我们开车跟着它走了足有四五百米，它才像刚醒过来似的，猛地往左一跃，消失在了被黑夜包裹的山林里。这次，虽然还是没有拍到华

● **华南兔** 周佳俊 摄

南兔，再次留下了深深的遗憾，但我想，不管怎么说，能亲眼见到可爱的华南兔的"表演"，还是很幸运的。这里的华南兔的照片，是我向朋友周佳俊要来的，很羡慕他能近距离拍到野兔，希望自己在不远的将来也能拍到。

崇安髭蟾也好，白头蝰也好，华南兔也好，我暂时没拍到，其实也没啥关系。因为，跟人生一样，自然探索本身就是一段永远充满遗憾的旅程。我想，通常先有大的遗憾，才会有大的惊喜在前方等着。难道不是吗？关键是，我们不能轻言放弃，而是要始终前行，始终充满期待。

崇安髭蟾 王聿凡 摄

16

西双版纳奇妙夜

我一定还会常来美丽的彩云之南，再来神奇的西双版纳，继续美妙的博物探索之旅！

我是浙江人，你若问我在江浙沪以外哪个地方去得最多，那么答案毫无疑问，是云南的西双版纳。截至 2022 年 12 月，我总共到西双版纳进行了十次博物旅行。而与夜探有关的，主要是前两次，分别在 2014 年与 2017 年的暑期。后面的八次，则以在勐海县进行鸟类调查为主。

说来有趣，2014 年与 2017 年的夏天到西双版纳，恰好分别是我女儿航航小学毕业与初中毕业的暑假，航航跟我一起经历了"西双版纳奇妙夜"。

夜探雨林，遇见国内最少见的"小青"

2014年7月的一天，我们一家三口从宁波飞到景洪后，立即在机场附近取到了事先租好的车，然后自驾赶到了中国科学院西双版纳热带植物园（后简称植物园）所在的勐腊县勐仑镇。

巧的是，刚到植物园，就在问路时遇到了一个小伙子，我和他曾经在江苏海边观鸟时遇到过。他叫顾伯健，当时是中国科学院植物研究所的研究生，后来他大声疾呼保护云南的绿孔雀且取得良好成效，如今在国内的生态保护圈内知名度很高。

他乡遇故知，自然分外亲切。而且，对于我来说，更重要的是找到了一个熟悉当地情况的向导。当天晚上，小顾带着我和航航，还有一个名叫小九的女生，总共四人，来到一片热带雨林。我们走过横跨溪流的吊桥，刚进入林中小路，航航就说："看，有只鸟儿在睡觉！"大家都抬头，果然见一只黑冠黄鹎（国内主要分布于云南、广西与西藏的部分地区）停在很低的树枝上歇息。我们的说话声惊动了它，一开始它还迷迷糊糊的，不过很快清醒过来，飞走了。

黑冠黄鹎

慢慢行走，雨林把它夜间的一面逐渐向我们展现出来。具有极好伪装色的丽棘蜥、溪流边的版纳大头蛙、各种色彩艳丽的蛾子……都吸引了我们的目光。令人吃惊的是，我们居然还看到一只凶猛的大蜘蛛正趴在叶面上吃一只泽陆蛙！蜘蛛捕虫见得多了，可捕食蛙类我还真是第一次见到。这只蜘蛛身体宽度约5厘米，如果算上伸展后的足长，则总宽度超过10厘米；而且它的几对足都长满了毛，甚至还有几根

● 丽棘蜥

● 版纳大头蛙

蜘蛛捕蛙

尖刺，看上去令人不寒而栗。我不认识蜘蛛，后来翻了一些图鉴，只能猜测这是某种大型狼蛛。跟那些结网的蜘蛛不同，这是一种"游猎型"的蜘蛛。

而那天晚上最大的收获，毫无疑问是"看饱"了坡普竹叶青。我也是后来才知道，这种蛇乃是 2015 年发表的中国蛇类新分布记录，是国内分布最少的竹叶青，在西双版纳才相对容易见到。那晚，我们在小路两旁接连见到了十几条坡普竹叶青，那密度简直可以用"三步一哨，五步一岗"来形容。它们非常安静地待在路边的石头上，或缠绕在小树枝上，头朝下，守株待兔，等待捕食的机

● 坡普竹叶青（雌）

● 坡普竹叶青（雄）

会。女儿航航成了我的灯光助理，她帮我拿着一支能被无线遥控的闪光灯，配合相机顶上那支主灯给拍摄对象补光。闪光灯打扰了竹叶青蛇，但它们没有做出任何攻击姿态，而是无奈地转身进入灌木丛躲了起来。

国内分布的竹叶青蛇有好几种，分布最广、最常见的是福建竹叶青，其他还有白唇竹叶青、冈氏竹叶青等。坡普竹叶青通体碧绿，尾部呈锈红色，相当漂亮。其雄蛇的身体侧纹红白相间，而雌蛇的侧纹为白色，这一特征跟福建竹叶青类似。我注意到，不管雌雄，坡普竹叶青的眼睛均为饱和度很高的血红色，而福建竹叶青的眼睛通常为较浅的红色或橙黄色。

次日晚，小顾又带我夜探植物园中的绿石林景区。刚进入景区栈道，小顾就说："看，一条飞蜥！"手电一照，果然见到一条长十几厘米的绿色蜥蜴，它正沿着大树的主干从上往下慢慢走。后来，它跳到了地面。这时我看到，它的腹部仿佛一下子变宽了。原来，这变宽的部分，正是其翼膜。飞蜥是一种形态奇特的蜥蜴，在林间从高处往低处滑翔时，其翼膜就会向外展开，以增加空气的浮力。

继续前行，又见到一只大壁虎在栈道边缘活动，当手电光照过去的时候，它就机灵地躲到了林中栈道下。我们钻入栈道下，只见这只大壁虎身体粗大，长度比成人的手掌还长不少。大壁虎俗称蛤蚧，由于长期以来被当作药用动物大量捕捉，数量急剧减少，目前已成为濒危物种。

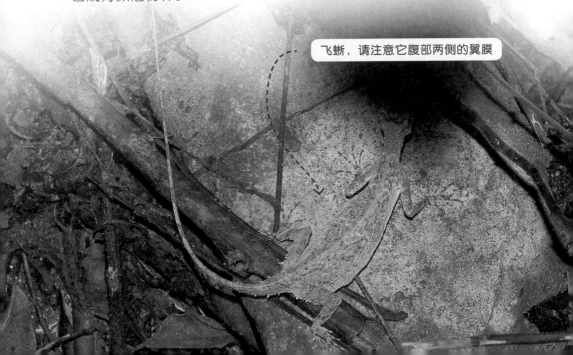

飞蜥，请注意它腹部两侧的翼膜

偶遇闪鳞蛇与"亚洲飞蛙"

次日，在离开植物园，准备前往勐腊县的另一个地方的时候，小顾告诉我，在那个地方的雨林中有很多蛙类，晚上值得去看一看。到达那里后的当晚，我开车带着女儿，来到小顾指点的那片雨林寻找蛙类。

七月正值版纳的雨季，不时而来的阵雨，在雨林边缘的路旁形成了很多水沟、水坑。这些地方成了蛙类的繁殖乐园。那天晚上七点多，我们一到那里，就听到了"咕咕""叽叽""呱呱"各种热闹的蛙鸣声。不到100米的一段路，我们就见到了黑蹼树蛙、锯腿原指树蛙（常被人称作"迷彩小蛙"）、背条跳树蛙、粗皮姬蛙等好几种蛙（注：这里的蛙，好几种是我回家后翻图鉴才认识的），一时间，简直不知道先拍哪个好。航航继续给我当灯光助理。有趣的是，一只黑蹼树蛙竟然一不小心跳到了她身上。我把它轻轻抓住，放到了航航的手心里，让她仔细观察了一下，随即把它放回到树枝上。

晚上十点左右，女儿说困了，我只好开车把她先送回旅馆，再

萌萌的黑蹼树蛙

锯腿原指树蛙

背条跳树蛙

粗皮姬蛙

返回继续夜拍。雨林边缘的一条水沟旁，我正在拍摄蛙类，忽然见到一条小蛇在落叶堆里穿行。我立即将镜头对准了它。当闪光灯亮起，这条小蛇的身上忽然反射出五彩的光泽。这让我大吃一惊，心想：这莫非就是传说中的闪鳞蛇？不管怎样，先拍了再说！后来，经向专家请教，确认这真的是闪鳞蛇，这种蛇的鳞片在光照下会闪现出如彩虹般的金属光泽，相当少见，拍到它需要很好的运气。

● 闪鳞蛇

下一个夜晚，我独自去那片雨林，居然意外拍到了一组关于黑蹼树蛙"爱情故事"的完整记录的照片。先来介绍一下黑蹼树蛙。

这种蛙全身碧绿，身体扁平，脚上具有宽大的黑色蹼，前后肢的外侧有肤褶，这些都增加了其体表面积。当它从高处向低处滑翔时，蹼完全张开，可以减缓降落的速度，因此是亚洲少数几种著名的飞蛙之一。黑蹼树蛙生活于热带季雨林中，旱季通常分散栖息于森林里，难得一见。当雨季来临，它们进入繁殖期的时候，就会大量出现于水塘、水坑附近的乔木上或灌木丛中。雄蛙雌蛙抱对，产卵于水面上方的叶片上，卵泡被叶片包卷着，蝌蚪孵化出来后跌入水中生长。

那是一个雨后的深夜，山脚的小水沟中蓄满了水，这正是树蛙们繁殖的好时节、好地方。我刚到那里，就听到大片的"歪咕，歪咕"的响亮叫声，这正是黑蹼树蛙雄蛙的叫声。它们如此卖力地叫，就是为了求偶。

我注意到，一只肚皮鼓鼓的雌性黑蹼树蛙，一直趴在一片大树叶上一动不动，而在它周围一两米处，有四五只雄蛙在躁动不安地跳来跳去。直觉告诉我，接下来很可能会有故事发生！于是，我准备好长焦镜头与闪光灯，在一旁静静观察。果然，过了一会儿，一只雄蛙跳到了雌蛙趴着的树叶背后，先是探头探脑观察了一下，然后迅速跳到了雌蛙背上，一把抱紧。转瞬间，又有三四只雄蛙蜂拥而上，乱抱一气，如同叠罗汉一般。

最搞笑的是，当时居然还有一只路过的树蛙（应该是某种泛树蛙）见到黑蹼树蛙抱对繁殖的忙乱场景，竟好奇地从树叶背后探出头来，看了好一阵子热闹。

第一只黑蹼树蛙雄蛙接近雌蛙

接下来，雌蛙开始排出白色的泡沫（其实是蛙的卵泡），接受体外受精。最后，雌蛙用它的长腿慢慢拢紧树叶，包裹住卵泡。之后，蝌蚪会在卵泡中孵化出来，并从树叶的缝隙中落到下方的水沟里，开始下一阶段的发育成长。

如此完整的关于黑蹼树蛙繁殖过程的照片，在国内殊为难得，后来这组照片在一次全国性的两栖动物摄影大赛中获得一等奖。中国科学院成都生物研究所一位研究树蛙的专家还特意联系上了我，希望我能把这组照片发给他，以便能帮助他的研究。

几只黑蹼树蛙雄蛙蜂拥而上抱住雌蛙，上面还有一只泛树蛙在看热闹

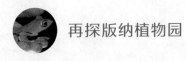
再探版纳植物园

　　三年之后的 2017 年，我应邀带女儿去西双版纳参加在植物园内举行的第二届罗梭江科学教育论坛。论坛期间，我们就住在植物园内的酒店，都要准备演讲。我的演讲主题是"带孩子去博物旅行"，航航的演讲主题是"自然观察，从水彩开始"。在演讲嘉宾中，航航是年龄最小的一个。这是女儿第一次在如此高规格的场合演讲，她晚上都在酒店房间里努力准备。而我，连续两个晚上都在夜探。

　　暮色降临，酒店内外已经是蛙声一片。原来，酒店内部的景观走廊旁，就是由水池、假山、热带植物组成的一个小型生态群落，入夜后，那些蛙就出来大声歌唱，声音类似于"嘎咕！嘎咕！"可惜都躲在草木深处，很难找到。在酒店门口的排水沟的窨井盖下面，也有蛙在卖力地鸣唱："吱啾！吱啾！"那是一种尖锐的带金属质感的摩擦声。我用手电透过井盖的方格孔往里照，好不容易才发现趴在沟底的一只小蛙。这蛙实在太小，比成年男子拇指的指甲盖大不了多少。后来请教了专家王聿凡，得知它的大名叫"圆舌

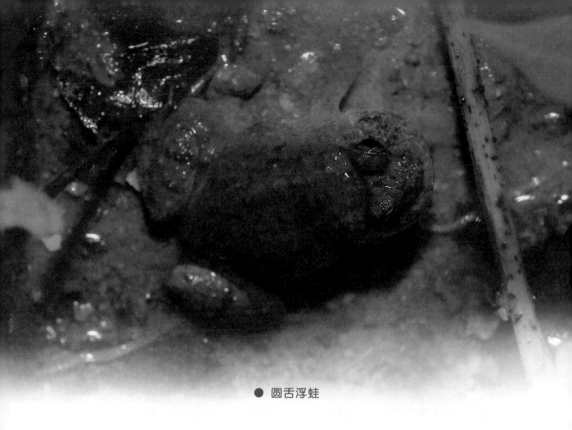

● 圆舌浮蛙

浮蛙"。我当时看到这名字就想笑，心想这小蛙的叫声还真有点儿
"浮夸"。

　　走到酒店外面，我惊喜地看到，在路灯照不到的地方，时不时
有萤火虫在树林间的草地上空飞舞，忽明忽暗的光点划过暗夜，非
常梦幻。忽然，路面上一只胖胖的蛙吸引了我的注意，定睛一看，
呀，原来是可爱的花狭口蛙！既然叫"狭口蛙"，自然是因为它的
嘴显得很狭小，跟其庞大的身体完全不匹配。它的背部为棕色，上
面有深棕色的大面积斑纹，其轮廓看起来很像一个窄颈宽肚的花
瓶。这种蛙主要分布于华南地区，我以前没见过，因此趴下来认真
拍它。可它显然不耐烦了，跳到了路边的草丛中，然后匍匐着身

● 花狭口蛙

子，做隐蔽状。

　　次日晚上，我和其他人一起，跟着在植物园工作的赵江波老师继续夜探，又听到了"嘎咕！嘎咕！"的声音。赵老师说，这是"版纳水蛙"（注：现在叫作"米尔水蛙"），算是当地比较有特色的蛙类。在一个小池塘里，我发现一只雄蛙用前肢抱住植物的叶子，后肢半漂浮在水中，它就保持这个姿势，喉部一鼓一鼓，长时间鸣唱着。伴着水蛙的歌声，我们继续往前走。在一棵大树前，赵老师说："考考你们的眼力，仔细看哦，就在树干上，就在你们眼前，有好几个猎蝽的若虫，找到了吗？"大家围在一起，瞪大眼睛，找了半天，愣是啥也没看到，眼前除了树皮还是树皮。见我们

● 版纳水蛙（米尔水蛙）

几个都不争气，赵老师只好过来一指："看，就是这个！"天哪，我万万没想到这是一只虫子！我还以为是一粒灰尘呢。原来，它让自己全身沾满了极细的沙尘，展现着高超的伪装策略。

用极细的沙粒伪装自己的猎蝽的若虫

当我还在努力拍这小虫的时候，忽听树背后传来一阵喧哗声："哇，盲蛇！盲蛇！"我一听也激动了，赶紧过去一看，果然就在这棵大树背面那被虫蛀过的树皮上，有一条比较大的"红蚯蚓"在钻洞觅食。没错，这就是钩盲蛇。这是一种细小的无毒蛇，头尾都是圆而钝，善于在地下掘洞，故常被误认为是蚯蚓。钩盲蛇由于长期栖息于泥土中，营穴居生活，双眼已退化成两个小圆点，小眼睛上还盖有一片透明薄膜，虽说没有了视觉功能，但它借助其他感官依旧行动自如。在国内，钩盲蛇广泛分布于长江以南各地，我以前见过农民在地里挖出钩盲蛇的新闻报道，这回还是第一次见到它的真身。我眼前的这条小蛇，正在虫蛀过的树皮里钻来钻去，一会儿就不见了。

西双版纳奇妙夜，就此暂时画上了句号。

前面说过了，此后八次到西双版纳，均以鸟类调查与拍摄为主，没有顾得上夜拍，非常可惜。不过没关系，我一定还会常来美丽的彩云之南，再来神奇的西双版纳，继续美妙的博物探索之旅！

钻在树皮里觅食的钩盲蛇

夜探入门攻略

怎么样？看完了前文，你是不是跃跃欲试，想去野外夜探了呢？可不能急，毕竟夜探对大多数人来说都是一件新鲜事，有很多事项需要事先知晓，并在夜探过程中切实做到，才能确保安全，并有所收获。

一、出发前的准备工作。如果纯粹是夜间观察（夜拍下文再讲），你至少需要一支高亮手电，并准备好备用的可充电电池，否则夜探到一半忽然没电了，那可就真的是"睁眼瞎"了。当然，如果同时配备头灯，则更好。夜探多在春夏季，野外多蛇虫，因此出门时，哪怕天气很热，我也建议大家要"全副武装"，最好穿高帮雨靴、长袖上衣与长裤。哪怕在相对比较安全的城市公园里，至少也要穿运动鞋与长裤。总之，夜探时千万不可穿短裤、凉鞋、洞洞鞋之类的。

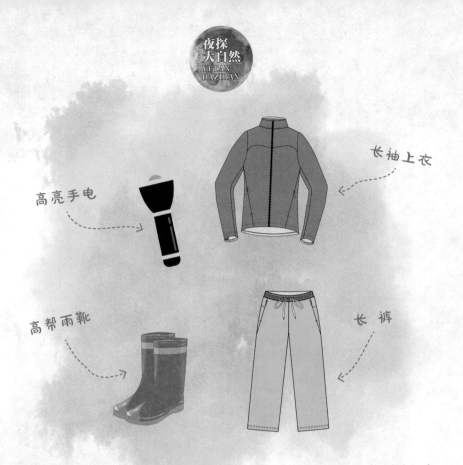

高亮手电

长袖上衣

高帮雨靴

长裤

二、去哪儿夜探。对于新手，建议从居家附近开始。原生态环境较好的城市公园与住宅小区，都是不错的选择。一般来说，在植被较好、类似于小型湿地环境的地方，有时哪怕是一个小小的水坑，都可能找到蛙类。除了赏蛙类，夏季也是不错的夜观昆虫的时机。晚上，很多昆虫会趁着夜色的保护出来觅食、鸣叫，有的开始羽化，蜕变为成虫，都很值得一看。

在积累了一定经验之后，可以到郊外或山区夜拍。在山中溪流附近，晚上可以看到好多种蛙，当然也会有各种蛇出没。特别值得留意的是，在春夏的雨后，有很多蛙会出来求偶、繁殖，此时是观

孩子们用相机、手机拍摄天目臭蛙

孩子们夜探公园，拍摄草丛中的蛙类

察它们最好的时候。

　　三、夜拍怎么玩。夜拍对器材及附件很讲究。我的夜拍器材比较复杂，包括：数码相机、微距镜头、广角镜头、水下相机、闪光灯（含离线闪光灯与微型三脚架）、柔光罩、高亮手电、潜水手电、头灯等。当然，并不是说大家都得有这么多器材才能去夜拍。一支续航能力强的高亮手电加手机（或具备微距功能的小相机）就可以去夜拍了。此外，我也建议大家事先去找找跟本地两栖爬行动物、昆虫等有关的图鉴，这样的话，拍到了之后可以对着图鉴去学着认识自己的拍摄对象，这会增加很多乐趣。

使用数码单反相机加微距镜头和闪光灯进行夜拍

小朋友戴着头灯，用小相机夜拍昆虫、蛙类等

下面就重点讲讲如何用手机来夜拍。现在的智能手机都具有很强的拍摄功能，特别是微距拍摄能力都不错。不过，这里得提醒大家的是，由于被手电照亮的拍摄目标（如一只蛙或一只昆虫）会显得很亮，而背景的夜色很暗，如果直接拍摄的话，很可能会造成拍摄主体的曝光过度。因此，在拍摄时往往需要利用手机的曝光补偿功能，适当减少曝光量，以确保拍摄主体不会曝光过度（即显得太白太亮）。

　　那么，如何对手机摄影进行曝光补偿操作呢？大家启动"相机"后，点一下屏幕，通常会看到对焦框的旁边出现一个小太阳的

用手机拍摄布氏泛树蛙

图案。这个"小太阳"就是提示画面亮度的，你可以将"小太阳"往正的方向滑动，就是增加曝光量，此时画面逐步变亮；反之，若将"小太阳"往负的方向滑动，这就是减少曝光量，此时画面逐步变暗。总之，你觉得把画面的亮度调得合适了，再点击拍摄，就成功了。这里还有一个小建议，那就是，有可能的话，你可以把手电装在一个支架上，这样就能在拍摄的时候随时调节光线角度，灵活布光，从而拍出有创意的照片。另外，在贴近拍摄小动物时，请记得要把焦点对在其眼睛上，这样才能拍出神采。

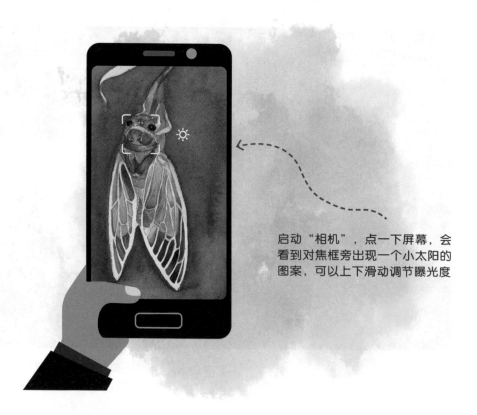

启动"相机"，点一下屏幕，会看到对焦框旁出现一个小太阳的图案，可以上下滑动调节曝光度

夜探山区溪流，遇见休息中的赤基色螅

四、安全注意事项。着装方面前文已经说过，就不重复讲了。出门夜探，最好几个人结伴同行，互相之间也好有个照应。如果没有老手带着，新手不要贸然尝试独自到野外夜探。夜探跟白天活动完全不一样，如果要去较陌生的地方，我强烈建议事先在白天勘察好地形，以免夜间贸然进入发生意外。

同时，夜探时一定要小心，严防蚂蟥、蚊虫以及毒蛇。简单说来，夜间在野外行走，最重要的是要记住一个字：**慢**！千万不要急，只有慢了才有安全，具体来讲，未经确认，脚不要随便踩，手

集体夜探活动

更不能随便搭上物体。因为，黑夜里藏着什么，你完全不知道。至于如何防范毒蛇，我在《五步蛇惊魂夜》《原来你是一条假毒蛇》这两篇文章中都专门讲过了。这里再重复强调两点：

第一，要尽最大可能避免无意中触碰到蛇，以免蛇为了自卫而发动攻击。

第二，一旦遇到蛇，完全不用慌，也不必非得去区分那是毒蛇还是无毒蛇，最好的方法就是"敬而远之"，不去招惹它，这样就可确保相安无事。

好了，最后，祝大家夜探愉快，尽情享受发现的乐趣！